AF330152

BIBLIOTHÈQUE
DES MERVEILLES

PUBLIÉE SOUS LA DIRECTION

DE M. ÉDOUARD CHARTON

LES COULEURS

18646. — PARIS, IMPRIMERIE A. LAHURE
9, rue de Fleurus, 9

BIBLIOTHÈQUE DES MERVEILLES

LES COULEURS

PAR

CH.-ER. GUIGNET

Ancien élève et répétiteur à l'École polytechnique,
ex-professeur à l'École polytechnique de Rio de Janeiro,
chargé du cours de Chevreul
au Muséum d'Histoire naturelle (de 1884 à 1889), etc.

*« L'harmonie des couleurs, c'est le
vêtement de la nature en fête. »*

OUVRAGE ILLUSTRÉ

DE 56 GRAVURES ET DE 18 PLANCHES EN COULEURS

PARIS

LIBRAIRIE HACHETTE ET Cⁱᵉ

79, BOULEVARD SAINT-GERMAIN, 79

1889

A LA MÉMOIRE

DE MON ILLUSTRE MAITRE

MICHEL-EUGÈNE CHEVREUL

LES COULEURS

I

LE COLORIS AU POINT DE VUE DE L'ART

A l'état sauvage, l'homme est très sensible à l'attrait des couleurs. Il aime à se parer de fleurs brillantes, de plumes vivement colorées : il se couvre le corps de peintures grossières et de tatouages quelquefois très artistiques. Parmi les produits de notre industrie, ce qui excite le plus l'admiration des sauvages (et même de nos villageois les plus arriérés), ce sont les verroteries aux couleurs vives, l'imagerie aux tons violents, et surtout les tissus teints ou imprimés, des nuances les plus éclatantes.

Le goût des couleurs se développe et s'épure avec la civilisation. Chez les peintres, il devient un véritable culte; surtout chez les *coloristes*, toujours rares dans toutes les écoles; car beaucoup d'artistes (et des plus illustres) ont eu le sens de la ligne très développé, mais non celui des couleurs.

La plupart des tableaux sont œuvres de pure imagination : avant tout, l'artiste doit plaire, soit par les harmonies du dessin, soit par celles des couleurs. Aussi doit-on faire aux peintres les plus larges concessions et admettre avec eux les invraisemblances les plus choquantes (en principe), pourvu que l'œil soit satisfait.

Ainsi, les habitants de la Judée étaient vêtus à peu près comme les Bédouins de nos jours : burnous d'un blanc sale, gris ou bruns. Dans les grands jours, le roi Hérode devait se draper dans un manteau de pourpre assez mesquin, et Ponce-Pilate dans une toge de laine blanche avec une simple bordure de pourpre.

Mais, dans la plupart des tableaux religieux, les païens, aussi bien que les saints personnages, sont revêtus d'étoffes aux plus riches couleurs : les moindres *figurants* ont encore de fort beaux habits verts ou jaunes, qu'on ne refuse même pas au traître Judas : le tout fourni par l'inépuisable palette du peintre, qui se tient aussi loin que possible de la réalité.

Comme exemple de coloris fantaisiste, quoi de plus curieux que le célèbre tableau de David, *Bonadarte franchissant les Alpes*? Monté sur un coursier fougeux, drapé dans un superbe manteau couleur de feu, le guerrier semble prêt à dompter l'univers : ses yeux lancent des éclairs et regardent bien au delà de ces vulgaires montagnes que son cheval va franchir en quelques bonds. Bien différente fut la réalité : l'histoire nous représente Bonaparte enveloppé dans un manteau de couleur sombre, monté sur un pacifique mulet, conduit par un guide cheminant au pas régulier des montagnards.

Peut-on refuser le droit de mentir aux peintres qui nous font des contes avec le pinceau comme d'autres avec la plume? L'important c'est que les contes soient bien réussis au point de vue de l'art.

Mais, puisque l'imagination des peintres peut se donner libre carrière, suffit-il d'être doué d'une imagination vive et féconde pour devenir un grand artiste? A toutes les époques, les meilleurs critiques d'art ont été d'un avis opposé : quelle que soit la richesse des dons naturels, le travail opiniâtre, l'étude approfondie de la nature et des œuvres des maîtres, sont absolument nécessaires pour développer ces dons, pour les exalter et les affiner, jusqu'au point de faire éclore le génie.

Certains artistes, la plupart encore jeunes. cherchent à faire croire qu'ils créent des chefs-d'œuvre tout naturellement, comme un arbre produit des fruits. Ils ne doivent rien au *métier*, disent-ils; mais tout à l'inspiration. Bien souvent ces jeunes gens travaillent plus que les autres, en ayant soin de s'enfermer dans leur atelier. Dans sa jeunesse.

Courbet usait largement de ce moyen d'exciter l'admiration.

On ose à peine parler aux artistes de la nécessité d'étudier la lumière et les ombres, le contraste des couleurs, la perspective même : « De telles études, répondent la plupart d'entre eux, coupent les ailes de l'imagination ; comme le poète, l'artiste doit toujours être emporté par le cheval ailé loin des réalités de ce monde. S'il fait revivre sur la toile quelques-unes de ces réalités, c'est à la condition de les animer du souffle de son génie, etc. »

Assurément, il est plus commode de se laisser aller à l'inspiration seule que de l'aider par des études quelconques. Mais il est absolument faux que des études rationnelles, des connaissances pratiques spéciales, puissent entraver l'inspiration. Citons seulement Léonard de Vinci, ce grand artiste si profondément versé dans la science de la perspective et des couleurs.

Les peintres de la Renaissance n'avaient pas les ressources dont les nôtres peuvent user largement : ils préparaient ou faisaient préparer sous leurs yeux les couleurs, les huiles, les vernis nécessaires à leurs travaux. Qui oserait soutenir que Rubens et Véronèse, Rembrandt et Murillo, ont manqué d'imagination, parce qu'ils étaient trop occupés de la partie matérielle de l'art?

Les peintres contemporains trouvent partout des couleurs très bien préparées : mais au moins doi vent-ils les connaître et savoir distinguer celles qui sont solides, afin de rejeter les autres.

S'ils veulent s'épargner des tâtonnements ennuyeux (et même de véritables mécomptes), ils doivent connaître les lois fondamentales du mélange et du contraste des couleurs, l'explication des ombres colorées, etc.

En négligeant l'étude des procédés matériels, on arrive à créer des œuvres dans le genre de certains tableaux du premier Empire : poussés au noir, couverts de rides et de craquelures, ils paraissent absolument décrépits si on les compare à leurs aînés de plusieurs siècles et même aux œuvres de Jean Van Eyck (Jean de Bruges) (1386-1440), qui perfectionna la peinture à l'huile au point qu'on le cite souvent comme l'inventeur de ce genre de peinture.

La peinture d'art n'est jamais la copie exacte de la nature, même quand il s'agit d'un paysage dû au pinceau d'un *réaliste* ou d'un *impressionniste* pur.

C'est ainsi qu'une figure de cire imitant fort exactement la tête d'un personnage illustre et scrupuleusement habillée comme lui ne produira jamais l'effet artistique d'une belle statue de bronze ou de marbre.

Dans les plus belles églises d'Espagne, du Portugal, de l'Amérique du Sud et du Mexique, on fait admirer aux visiteurs de magnifiques figures de cire, vêtues des plus riches étoffes de soie avec broderies d'or et d'argent. Ces figures sont chargées de joyaux du plus haut prix : elles représentent les saints qu'on honore le plus dans le pays. Chacune des niches est fermée par une grande glace qui met toutes ces richesses à l'abri de la poussière, des mouches et des voleurs.

Au point de vue artistique, tous ces chefs-d'œuvre sont à peu près de nulle valeur, bien que la population locale soit d'un avis absolument contraire.

Il en est de même pour le paysage.

La vue d'un beau site produit sur l'artiste un certain ensemble d'impressions qu'il traduit de son mieux par le dessin et les couleurs habilement disposées.

La personne qui contemplera l'œuvre de l'artiste en sera d'autant plus frappée qu'elle y retrouvera ses propres impressions. Souvent même elle sera victime d'une illusion, elle attribuera au tableau des mérites qu'il n'a pas et qu'il doit seulement aux souvenirs qu'il éveille.

Supposons un homme de goût qui n'ait jamais vu le ciel bleu foncé du Midi et les eaux bleues de la Méditerranée baignant des rochers aux tons chauds couronnés de la verdure sombre des pins parasols ; il sera plus surpris que charmé de la vue d'un tableau représentant un paysage du Midi. Mais s'il a été assez heureux pour contempler et comprendre cette belle nature (si différente de celle du Nord), il appréciera vivement toute œuvre d'art qui lui rappellera, même de loin, ce qui est vivant dans sa mémoire.

Un portrait même ne peut être une œuvre exacte, une sorte de *photographie en couleur*. Si l'on pouvait réaliser un tel portrait, les amis le trouveraient toujours inférieur à l'original, dont ils exagèrent les qualités, et les ennemis estimeraient qu'il est beaucoup trop *flatté*. C'est ce que nous observons journellement pour les photographies ordinaires.

En réalité, tous les portraits sont plus ou moins *idéalisés*, et les meilleurs portraitistes contemporains procèdent, sous ce rapport, comme Raphaël et Van Dyck : même quand ils croient faire la ressemblance exacte.

En résumé, la peinture est une charmeuse, qui doit *suggérer* des impressions bien plus qu'elle ne doit reproduire servilement des effets naturels. La musique et la poésie tendent au même but, mais par des moyens différents.

On peut vérifier, à l'aide de mesures exactes, jusqu'à quel point les effets obtenus par la peinture sont conventionnels.

Le *photomètre* permet de comparer les intensités des lumières envoyées par les diverses parties d'un site bien éclairé. On peut mesurer les intensités relatives de la lumière qui vient de la pleine lune, des eaux, des bois, etc.

Si l'on fait la même opération sur un tableau qui représente un clair de lune et qui nous paraît absolument réussi, on constate que la lune est bien loin d'être assez brillante. Pour atteindre à peu près l'éclat réel, il faudrait représenter la lune par un disque d'argent bien poli. Mais ce serait insupportable à l'œil, et nous préférons admettre les conventions suivies par le peintre; du reste, nous n'avons pas le moindre soupçon de ces tromperies et le peintre est exactement dans le même cas.

Même observation pour les plus éblouissants couchers de soleil ou pour les plus beaux effets de lumière, dans les célèbres tableaux de Rembrandt. Impossible de représenter fidèlement une simple bougie éclairant une chambre : pas plus d'ailleurs qu'un trou béant à l'entrée d'une pièce complètement obscure.

Pour les allégories, les tableaux religieux ou mythologiques, le peintre s'éloigne tant qu'il veut de la nature : tout ce qu'on peut lui demander, c'est de nous fasciner par son talent jusqu'au point de nous entraîner à sa suite dans le monde idéal de ses conceptions.

La peinture décorative doit se préserver aussi de l'imitation servile de la nature : employées comme ornements, les fleurs ne doivent pas avoir l'aspect de figures exactes préparées pour un traité de botanique.

Les Arabes, si habiles dans la peinture décorative, n'ont jamais fait entrer dans leurs admirables compositions des figures d'êtres vivants, puisque la

religion musulmane le défend d'une manière ex-
presse.

Néanmoins, les décors de l'Alhambra, par exemple, présentent les plus heureuses combinaisons de
lignes et de couleurs qu'il soit possible d'imaginer.
L'œil est charmé à la fois par la grâce des plus
capricieux dessins et par la savante harmonie des
couleurs.

II

LA MUSIQUE COMPARÉE A LA PEINTURE

La *mélodie* se compose d'une série de sons entendus successivement et choisis de manière à satisfaire l'oreille : soit comme *valeur* (ou *durée*), soit comme *intonation* (ou *hauteur*), soit enfin comme *force* (ou *intensité*).

De même que l'oreille est charmée par une belle mélodie, de même l'œil pourrait être satisfait par une succession de couleurs bien choisies.

Mais l'expérience prouve que la comparaison n'est pas exacte : l'œil n'éprouve aucun plaisir à percevoir une série de couleurs, même quand on les choisit parmi les plus agréables (ou, comme l'on dit, les plus *douces* à la vue). Bien plus, l'œil se fatigue très vite à regarder une succession de couleurs, quelle que soit d'ailleurs la durée des impressions lumineuses.

Le P. Castel, savant jésuite (né en 1688, mort en 1757), imagina le *clavecin oculaire*, instrument à l'aide duquel il voulait charmer les yeux par de véritables *mélodies colorées*; mais on reconnut bien vite que les prétendues mélodies étaient insupportables.

L'harmonie musicale est une sensation qui résulte de l'audition simultanée de plusieurs sons formant un *accord* (ou une *dissonance*, quand l'accord est désagréable).

Nous citerons quelques faits qui prouvent que l'harmonie existe pour les couleurs comme pour les sons. Et même, sous le rapport de l'harmonie, l'éducation de l'œil peut se faire comme celle de l'oreille; chacun sait que la musique moderne admet des successions d'accords absolument défendues par les maîtres du temps passé; avec l'habitude, la tolérance s'établit et les oreilles contemporaines les plus délicates finissent par admettre Wagner après Beethoven; comme celles de nos pères ont fini par accepter Beethoven après Mozart.

Dans une certaine mesure, il en est de même des harmonies de couleurs; mais il faut bien se garder de pousser trop loin la comparaison. C'est ce que M. Auguste Laugel a très bien démontré dans son excellent ouvrage (*l'Optique et les Arts*) :

« La musique, comparée aux autres arts, s'en distingue tout d'abord par une différence capitale ; elle est, qu'on nous permette le mot, une forme *dynamique* de l'art; la sculpture, la peinture et l'architecture en sont les formes *statiques*.

« La première, en effet, use d'un élément qui manque à ces dernières, je veux dire du temps; son œuvre naît, s'étend, se développe, prend une sorte de vie.

« Une symphonie est un drame qui a un commencement, un milieu, une fin; la pensée de l'auditeur est entraînée par les mouvements des sons, elle s'attache non seulement à la mélodie, mais encore à chacune des voix secondaires dont les chœurs composent l'harmonie; les rôles changent sans cesse, un instrument se tait, un autre prend sa place; le rythme tantôt se ralentit et tantôt se précipite. L'âme voltige en quelque sorte au-dessus des flots sonores, comme les oiseaux de mer se balancent sur la vague capricieuse : plaisir charmant, qui nous permet de suivre nos propres rêves à travers la toile flottante et légère de l'harmonie.

« On ne peut entendre deux fois tel morceau de Beethoven ou de Mozart avec des émotions identiques, car il s'opère toujours un mariage mystique entre la pensée du maître et notre propre pensée, errante, fugace, aujourd'hui plus forte et plus agile, demain plus languissante. Ce qui naguère semblait un cri de joie et de triomphe nous paraîtra quelque jour une menace ou un ricanement ironique; les mêmes mélodies peuvent bercer nos joies et nos douleurs, remuer nos espérances ou nos craintes, répondre aux soupirs de nos amours heureuses ou aigrir les blessures du désespoir. »

« La musique est l'art idéal par excellence ; elle n'est pas une langue précise, analytique ; elle ne se prête pas, comme les langues parlées, aux raisonnements, aux déductions ; cependant elle a déjà quelque chose d'une langue, elle est l'expression vivante, animée, mobile, bien que vague encore, de tous les sentiments humains.

« L'œuvre des autres arts est au contraire toute statique ; les palais, les temples, les statues, expriment aussi une pensée ; mais cette pensée est fixe, immuable. La sculpture et l'architecture travaillent ou du moins croient travailler pour l'éternité. Les chefs-d'œuvre de la peinture sont plus frêles ; mais ils ne changeraient pas davantage, si le temps respectait leur fin épiderme de couleurs autant que les robustes assises de la pierre, ou les rondeurs du bronze ou du marbre. »

III

COULEURS DES MINÉRAUX ET DES ÊTRES VIVANTS

Les terres colorées en jaune, en brun rouge, en vert même, ne sont pas rares, aussi les a-t-on employées de toute antiquité : ce sont les *ocres*.

Certains minéraux assez rares, comme le *cinabre* (sulfure de mercure), présentent de belles couleurs quand on les réduit en poudre fine. L'usage du cinabre remonte donc à une époque fort reculée. Il doit en être de même des bleus et verts de cuivre qu'on obtient en broyant des carbonates de cuivre naturels (*azurite* et *malachite*).

Toutes ces couleurs sont, relativement, assez solides : mais les brillantes couleurs que nous présentent les végétaux et les animaux sont, le plus souvent, si *fugaces* qu'elles ne peuvent servir à aucun usage.

Quoi de plus commun que la couleur verte dans le règne végétal ? La *chlorophylle* (matière verte des feuilles) a été l'objet de fort nombreuses recherches ; c'est une matière bleue ou d'un vert-bleu très foncé quand elle est pure. Dans les végétaux, elle est constamment mêlée à plusieurs matières jaunes ; de là des variations innombrables depuis le vert des feuilles nouvelles jusqu'au vert du camélia et du laurier, en passant par le *vert-pré*, etc.

Cette couleur, qui est si belle dans les feuilles vivantes, s'altère promptement aussitôt que les feuilles sont mortes ou qu'elles éprouvent un accident de végétation.

C'est ainsi que les feuilles panachées de jaune ou presque entièrement blanches sont très souvent produites par une sorte de maladie qu'on propage à l'aide de la greffe. Ce fait s'observe sur les *Abutilons*, les *Negundos*, etc.

Rien de plus facile que d'extraire la *chlorophylle brute* en traitant les feuilles par l'alcool. On obtient une matière d'apparence cireuse, d'un très beau vert foncé, mais fort altérable. Aussi on a renoncé à l'emploi de la chlorophylle pour l'impression des tissus de coton. Toutefois on a essayé de l'appliquer à la coloration des conserves de petits pois, afin d'éviter l'emploi du sulfate de cuivre.

La chlorophylle s'altère promptement sous l'influence des moindres quantités d'acide. Ainsi des feuilles d'oseille qu'on fait bouillir avec de l'eau deviennent d'un vert brun à cause de l'acide contenu dans l'oseille (*acide oxalique*, le même qui sert à faire l'*eau de cuivre*).

Au contraire, la chlorophylle se maintient en présence des *alcalis* ou *bases énergiques* : elle forme même avec les bases des combinaisons cristallisées, bien définies.

Chacun sait que l'on conserve aux épinards leur belle teinte verte en ajoutant à l'eau de cuisson un petit sachet rempli de cendres de bois ou mieux une faible quantité de *cristaux de soude*. Mais il faut reconnaître que les épinards prennent ainsi un goût de savon assez marqué.

Un autre procédé, fort usité pour les petits pois en boîtes, consiste dans l'addition de quelques millièmes de sulfate de cuivre (vitriol bleu). Dans cette proportion, le cuivre peut être considéré comme inoffensif; mais il est difficile d'obtenir des fabricants et des ouvriers que la proportion de sulfate de cuivre soit réduite au strict nécessaire; aussi les règlements de police interdisent d'une manière absolue l'emploi du cuivre sous une forme quelconque dans la préparation des conserves.

On trouve dans les végétaux des matières vertes différentes de la chlorophylle, mais presque aussi instables. Tel est le vert extrait des capitules d'artichauts (prêts à fleurir). Ce produit paraît fort analogue au *vert de Chine* (*lo-kao*) qu'on obtient en traitant par la chaux des infusions d'écorces de nerprun. Le vert de Chine est un mélange naturel de jaune avec un bleu d'une nature toute particulière, la *lokaïne* (Cloëz et Guignet). C'est une matière colorante belle et solide, qui était assez employée par les Chinois, mais qui est tombée dans l'oubli depuis qu'on fabrique avec l'aniline des verts qui donnent des teintures d'un éclat incomparable et d'une solidité suffisante.

Le *vert de vessie*, employé souvent pour les peintures à l'eau, bien qu'il soit peu solide, n'est autre chose qu'un *extrait sec* préparé en faisant bouillir avec de l'eau les fruits mûrs des nerpruns, ajoutant un peu d'alun et réduisant à sec par l'évaporation. Les fruits encore verts ne donneraient qu'une matière jaune : ce sont les *graines jaunes* si connues en teinture (graines de Perse, d'Avignon, etc.).

Les matières jaunes sont d'ailleurs fort répandues dans le règne végétal; quelques-unes sont employées en teinture, mêmes celles qui existent dans les végétaux indigènes tels que le *safran* (*Crocus sativus*), l'*épine-vinette* (*Berberis vulgaris*) et surtout la *gaude* (*Reseda luteola*), qui est la plus stable des couleurs jaunes naturelles.

Mais les innombrables fleurs jaunes (dahlias, œillets d'Inde, etc.) n'ont donné que deux matières colorantes sans valeur pour la teinture.

Les vives couleurs rouges du coquelicot, du géranium, les belles teintes roses ou pourprées de la rose, du dahlia, de la rose trémière; enfin, toutes les admirables nuances de bleu des campanules, des bleuets, des myosotis, etc., ne sont produites que par des mélanges de jaune avec une seule et même matière qui est rouge en présence des acides et bleue à l'état de pureté.

Cette matière est fort instable et ne peut donner que des couleurs *faux teint*.

On croit volontiers que la belle matière rouge, si abondante, par exemple, dans les *Phytolaccas*, pourrait être employée en teinture. Pour démontrer que cette couleur serait absolument *faux teint*, il suffit d'exprimer un peu de jus de Phytolacca sur un papier et d'ajouter un peu d'ammoniaque (alcali volatil); on voit aussitôt la teinte rouge passer au vert, puis au brun. La même chose arriverait avec le suc de violette, de bleuet, de campanule.

Au contraire les matières bleues ou violettes passent au rouge par l'action des acides; c'est ainsi que les bleuets mis en présence du vinaigre deviennent rouges.

De même encore, si l'on fait promener de grosses fourmis rouges des bois sur les pétales d'une fleur bleue, les pattes de ces insectes y laissent des traces rouges : car les fourmis sécrètent une liqueur irritante contenant de l'*acide formique* (qu'on produit actuellement avec la plus grande facilité sans l'extraire des fourmis).

L'écarlate si vif du coquelicot et du géranium résulte de la superposition du jaune et du rouge précédent, c'est-à-dire du bleu maintenu à l'état rouge par les sucs un peu acides qui circulent dans les organes des végétaux.

Certaines fleurs varient avec la plus grande facilité du rouge au bleu ou inversement. Ces différences s'observent, non seulement sur les variétés obtenues de semis, mais sur une même plante, selon la nature du terrain. Ainsi l'*hortensia* à fleurs roses donne des fleurs franchement bleues dans un terrain arrosé par des eaux légèrement alcalines comme celles qui coulent à travers certains terrains granitiques.

Les feuillages brun pourpré (hêtre et noisetier à feuilles pourpres, etc.) sont colorés par la superposition du vert et du rouge. En regardant à l'œil nu ou mieux à la loupe à travers une de ces feuilles vivement éclairée, on aperçoit aisément des vaisseaux gonflés d'un suc rouge, qu'on peut d'ailleurs faire apparaître en écrasant la feuille sur du papier blanc.

La même observation a été faite il y a longtemps par l'illustre Chevreul sur les parties brunes des feuilles de *Geranium zonale*.

Certains végétaux sont colorés en rouge orangé par une matière fort différente du rouge des fleurs : telle est la *carotte*, d'où les chimistes ont extrait un principe fort curieux, la *carotine*, d'un très beau rouge de cinabre, fort altérable quand elle est absolument pure. Un très habile chimiste, M. Arnaud, aide-naturaliste au Muséum, a fait récemment une étude complète de la carotine, et il est arrivé à ce résultat fort curieux, que la carotine est extrêmement répandue dans le règne végétal ; toutes les feuilles vertes contiennent de très petites quantités de carotine. Le pouvoir colorant de cette matière est si intense, que la couleur verte est souvent modifiée par la présence de la carotine.

Les plantes qui fournissent les meilleures matières colorantes, telles que la *garance*, les *indigotiers*, les *lichens*, etc., ne présentent rien de remarquable comme coloration ; ce n'est qu'à force d'industrie que l'homme a pu extraire et purifier les précieuses matières qu'elles contiennent pour ainsi dire à *l'état latent*.

Certaines couleurs sont au contraire toutes prêtes pour l'emploi : telle est la pulpe rouge orangé qu'on trouve dans l'intérieur du fruit du *rocouyer* (*Bixus orellana*), arbre des contrées tropicales. A l'époque de la découverte de l'Amérique, on a constaté que les Caraïbes se servaient du rocou pour se teindre la peau. Mais cette matière n'a aucune solidité : on l'emploie surtout pour colorer le beurre.

Quant aux animaux, on se figure volontiers que les brillantes couleurs des papillons, des oiseaux, etc. sont dues à des principes colorants très abondants et faciles à séparer. Il n'en est absolument rien : toutes ces matières si richement colorées ne cèdent presque rien à nos dissolvants ; et les couleurs ainsi enlevées ne rappellent pas du tout les nuances si vives de l'objet naturel.

Ces couleurs sont à peu près dans le genre de celles des *anneaux colorés* produits par les *lames minces*, très belles, mais impossibles à fixer.

Tout corps réduit en lames excessivement minces (quelques millionièmes de millimètre) prend des teintes irisées souvent magnifiques.

Une bulle de savon soufflée avec précaution s'irise des plus belles nuances quand l'épaisseur s'abaisse au-dessous d'un millième de millimètre (fig. 1).

Une goutte d'huile étalée à la surface de l'eau produit le même effet.

Soumis pendant longtemps à l'influence de l'eau et de l'air, le verre se couvre d'une très mince pellicule qui prend quelquefois des tons d'une richesse inouïe. C'est ce qu'on observe sur un fragment de bouteille retiré du lit de la Seine après plusieurs siècles (musée céramique de Sèvre) ; ainsi que sur des verres provenant des anciens Égyptiens.

Les belles irisations des perles n'ont pas d'autre cause.

Dans les cabinets de physique, on produit à volonté des *anneaux colorés* parfaitement réguliers en comprimant à l'aide de vis de pression une lentille de verre sur un plan de même matière. La couche d'air comprise entre les deux surfaces devient de plus en plus mince : la lumière qui la traverse donne

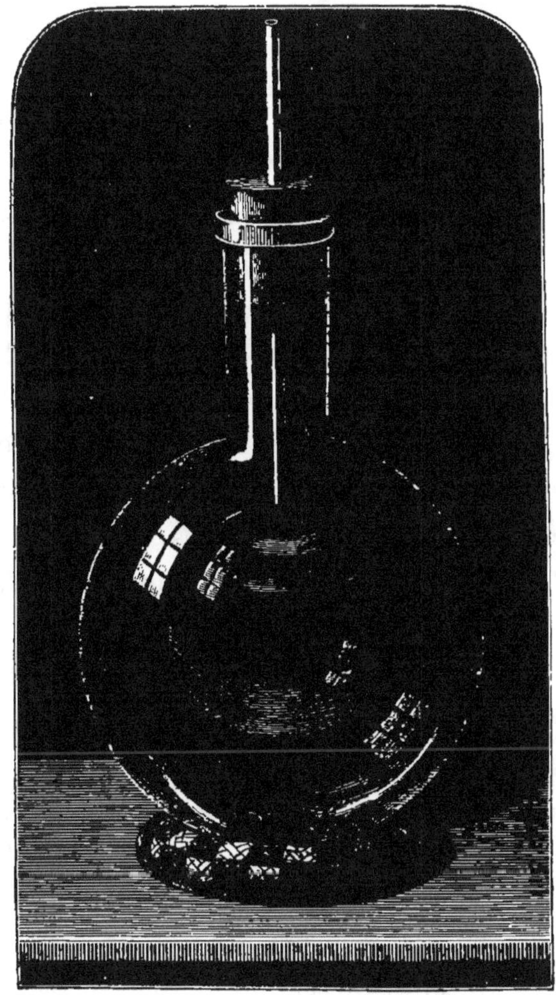

Fig. 1. — Bulle de savon soufflée dans l'intérieur d'un ballon
pour la préserver des agitations de l'air.

des anneaux irisés des plus belles couleurs, qui dis-
paraissent aussitôt qu'on desserre les vis de pression (fig. 2).

La partie centrale des anneaux est noire : on constate que la couche d'air qui correspond à cette partie a une épaisseur d'un dix-millième de millimètre.

On obtient aussi de fort belles couleurs au moyen des *réseaux*, c'est-à-dire de lignes très fines, tracées parallèlement les unes aux autres sur une surface bien polie.

Telle est l'origine des irisations que présente la nacre de perle bien polie. Cette matière est formée de couches très minces, superposées parallèlement. Le polissage a pour effet de couper toutes ces couches dont les tranches apparaissent sous la forme de lignes parallèles très rapprochées. Si l'on prend un moule très exact de la nacre au moyen d'un alliage très fusible, le moule présentera des irisations sur la face qui était en contact avec la nacre (Brewster).

D'après ces résultats, on comprend que les vives couleurs des plumes du paon, des oiseaux-mouches ou des plus brillants insectes soient absolument insaisissables.

Les insectes qui nous fournissent les plus belles matières colorantes présentent au contraire l'aspect le moins brillant : telles sont les *cochenilles*, qui ressemblent à des punaises de couleur sombre, et ne laissent voir leur belle matière rouge que si elles sont écrasées ou traitées par l'eau chaude.

Mais les *cantharides*, qui sont d'un si beau vert

bronzé, ne donnent rien comme matière colorante.

Dans l'industrie, on réussit fréquemment à obtenir de beaux effets de coloration en produisant une pellicule extrêmement mince à la surface d'un objet.

L'acier *recuit* à diverses températures se couvre d'une mince couche d'oxyde de fer qui peut être bleu foncé, jaune paille, etc., suivant l'épaisseur.

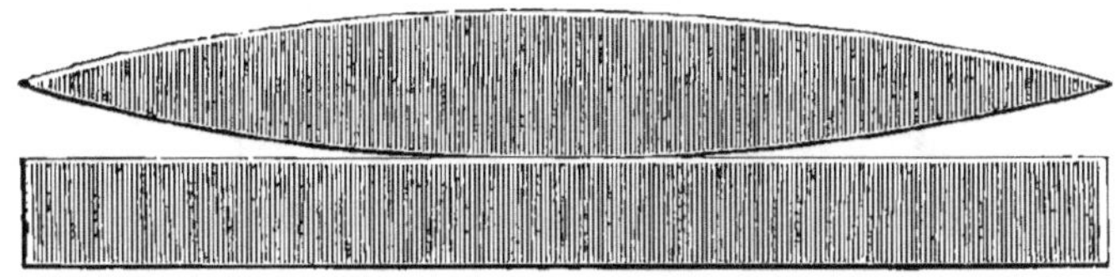

Fig. 2. — Couche d'air comprimée entre une lentille et un plan de verre. — Les vis de pression ne sont pas figurées.

On trouve maintenant dans le commerce de beaux verres irisés obtenus en attaquant par des vapeurs d'acide chlorhydrique le verre chauffé au-dessous du rouge.

Les *lustres* employés pour la décoration des poteries (*lustre burgos*, *lustre cantharide*, etc.) sont aussi produits par de très minces pellicules de diverses matières adhérentes à la surface des poteries.

IV

COULEURS DE LA LUMIÈRE POLARISÉE. — THÉORIE DES ONDULATIONS

Quand un faisceau de lumière *polarisée* (c'est-à-dire modifiée d'une façon toute spéciale) traverse une lame mince de sulfate de chaux, des cristaux de sulfate de quinine, etc., on observe des colorations d'un éclat et d'une harmonie tout à fait extraordinaires.

Les couleurs de la lumière polarisée sont plus vives que celles du spectre : une figure coloriée avec le plus grand soin ne peut en donner qu'une idée fort insuffisante.

C'est Arago (né en 1786, mort en 1853) qui a découvert, en 1811, le premier phénomène de coloration produit par des rayons polarisés. Les observations se sont multipliées, ainsi que les applications aux sciences et à l'industrie ; l'essai des sucres par le *saccharimètre* est fondé sur la *polarisation chromatique* et sur *la rotation du plan de polarisation.*

L'explication complète de tous ces phénomènes si curieux a été donnée par l'illustre Fresnel (né en 1788, mort en 1827), qui a fondé sur des bases iné-branlables la *théorie des ondulations lumineuses,* dont la conception première est due à Huyghens (né en 1629, mort en 1695) et non pas à Descartes, comme on l'a souvent répété par erreur.

Cette admirable théorie a permis d'expliquer tous les phénomènes lumineux connus jusqu'à présent. Bien plus, elle a plus d'une fois permis de prévoir des phénomènes nouveaux, et l'expérience a tou-jours confirmé ces prévisions.

La théorie de l'émission, adoptée par Newton, a dû être abandonnée, malgré les efforts de cet in-comparable génie et les travaux plus récents de Biot et de quelques autres physiciens éminents.

Quant aux idées que les anciens philosophes se faisaient de la lumière et de la vision, elles étaient complètement extravagantes ou absolument vagues.

Les pythagoriciens croyaient que l'œil lance hors de lui des rayons ou *bras invisibles* qui vont tâter les objets et les mettent en relation avec l'œil.

Les épicuriens soutenaient que ces rayons étaient émis par les objets lumineux et pénétraient dans l'œil ; c'était une conception assez juste.

Le *divin* Platon voulut concilier les deux sys-tèmes ; il supposa *que la vision était produite par la rencontre des rayons venus de l'objet avec les rayons émis par l'œil !*

La haute intelligence d'Aristote s'égara complètement sur cette question. Il crut que les corps transparents jouaient un rôle actif dans les phénomènes lumineux ; il définit *textuellement* la lumière : *l'acte du corps transparent considéré comme tel !*

La théorie des ondulations repose sur une hypothèse fort simple :

On suppose que l'univers entier, comprenant les espaces célestes aussi bien que les corps placés à notre portée, est rempli d'une matière fort subtile qu'on appelle l'*éther*. Rien de commun d'ailleurs avec l'éther des chimistes, désigné encore très improprement sous le nom d'*éther sulfurique*. Il ne faut pas croire que cette matière subtile est un *fluide impondérable* : elle a nécessairement une densité très faible, mais qui n'est pas nulle.

Les vibrations de l'éther produisent les phénomènes de chaleur et de lumière : absolument comme les vibrations de l'air ou d'un corps sonore produisent le son.

Mais les vibrations de l'air (quoique très rapides pour les sons aigus) sont fort lentes si on les compare à celles de l'éther.

Le *la* du diapason correspond à 870 vibrations par seconde. L'oreille perçoit des sons très variés, depuis les plus graves (14 ou 15 vibrations par seconde) jusqu'aux plus aigus (près de cinquante mille vibrations).

Le mouvement vibratoire qui produit le son se transmet avec une vitesse de 340 mètres par seconde.

Voici maintenant les nombres de vibrations par seconde correspondant aux différents rayons du spectre :

Rouge extrême.	465	trillions
Orangé.	514	—
Jaune	544	—
Vert.	586	—
Bleu.	651	—
Indigo	668	—
Violet extrême.	759	—

Le mouvement vibratoire de l'éther se transmet avec une vitesse inimaginable : *trois cent mille kilomètres* (ou environ *soixante-dix-sept mille lieues*) par seconde.

Ce nombre a été déterminé pour la première fois par l'astronome danois Rœmer (1644-1710). Il a été vérifié par les beaux travaux de Foucault, de M. Fizeau et de M. Cornu.

En une seconde, la lumière ferait donc plus de huit fois le tour entier de la Terre.

Elle met plus de huit minutes pour nous arriver du Soleil et presque deux ans pour venir des étoiles les plus voisines. Si notre Soleil s'éteignait subitement, nous le verrions encore pendant huit minutes avec son aspect ordinaire.

Un rayon lumineux peut être comparé à une corde vibrante; mais il y a deux manières de faire vibrer une corde.

D'abord, dans le sens de la longueur, en la frottant avec les doigts enduits de colophane en poudre : la corde rend un son très aigu, à la condition que les deux extrémités soient attachées à deux supports très solides.

Puis, dans le sens perpendiculaire à la longueur ou *transversal*, en pinçant la corde (guitare), la frottant avec l'archet (violon) ou la frappant avec un marteau (piano) : le son produit est beaucoup moins aigu que le précédent (pour une même corde, tendue de la même façon).

On démontre que la lumière est nécessairement produite par des vibrations *transversales*, par rapport à la direction du rayon lumineux.

Si les vibrations sont dirigées d'une manière quelconque (tout en restant perpendiculaires à la direction du rayon lumineux), on a de la lumière naturelle ordinaire.

Mais si les vibrations sont *orientées* de façon qu'elles soient contenues dans un même plan passant par la direction du rayon lumineux, la lumière est *polarisée*.

Le plan de *polarisation*, c'est, par définition, le plan passant par le rayon lumineux et perpendiculaire au plan qui contient les vibrations.

Certains milieux transparents (solutions de sucre,

de glucose, d'acide tartrique, etc.) changent la position du plan de polarisation d'un rayon polarisé qui les traverse. Certains corps dévient *à droite* le plan de polarisation; d'autres le dévient *à gauche*. Ces propriétés sont extrêmement utiles pour les études physiques et chimiques, ainsi que pour les essais industriels des sucres.

V

LES TATOUAGES

Voici comment procèdent les artistes en ce genre, dont les œuvres ne sont pas sans mérite, même aux yeux des gens civilisés.

On se sert d'une fine aiguille fixée dans un manche de bois ou même dans un simple bouchon de liège de manière que la pointe fasse une saillie d'un millimètre environ.

On pique régulièrement la peau suivant les contours d'un dessin tracé d'avance à la plume ou au pinceau ; puis on frotte toute la partie piquée avec le bout du doigt recouvert d'une couleur en poudre très fine (rouge à polir, indigo, etc). La couleur, qui pénètre dans chaque piqûre, est bien-tôt recouverte par la peau et le tatouage devient absolument indélébile.

C'est ainsi que les soldats, les ouvriers se font dessiner sur les bras des sabres en croix, des cœurs enflammés, avec accompagnement de devises guerrières ou sentimentales.

Certaines peuplades de l'Amérique du Nord ont grandement perfectionné l'art du tatouage; la plupart des matières qu'elles emploient sont inconnues.

Les Japonais exécutent de véritables merveilles d'*ornementation sur le vif* (fig. 5).

En Océanie, le tatouage est encore florissant dans certaines îles, à la condition toutefois que la population ne soit pas de couleur trop foncée. En effet, les tatouages sur fond noir seraient à peine visibles : il faudrait introduire beaucoup de lignes blanches dans l'ornementation, ce que les artistes océaniens ne sauraient pas bien exécuter.

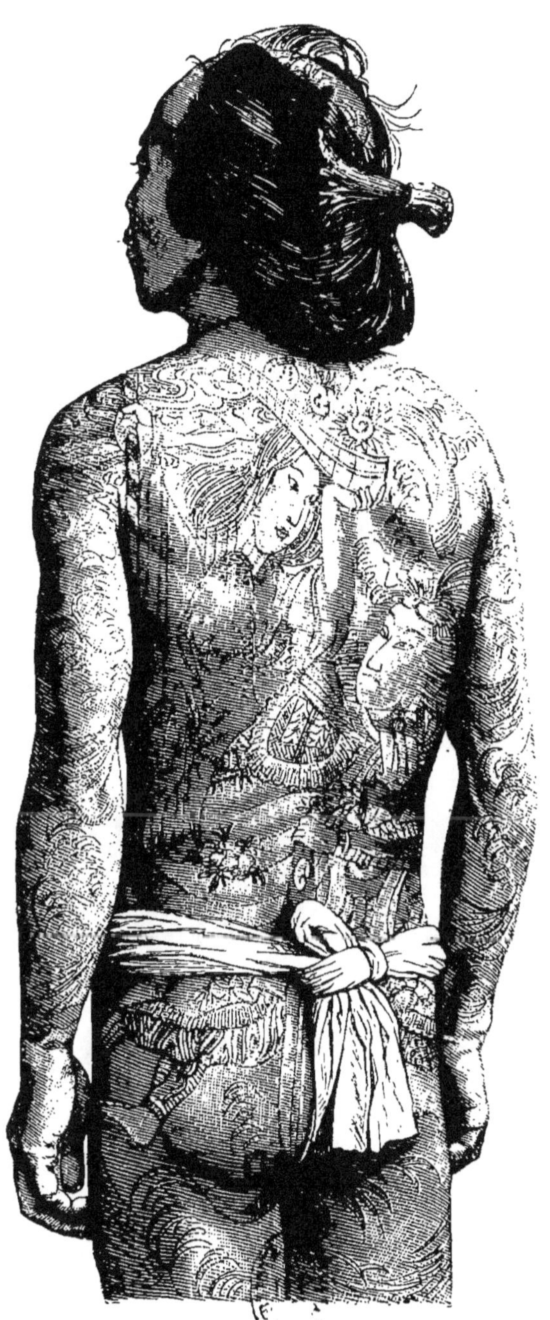

Fig. 5. — Japonais tatoué.

VI

LES FARDS. — LA TEINTURE DES CHEVEUX

L'art d'appliquer les fards est une véritable peinture *sur le vif*, comme le tatouage; mais elle en diffère complètement, parce qu'elle n'est que superficielle; on peut l'enlever par des lavages. Dans certains cas cependant il y a teinture de l'épiderme, et il faut que cet épiderme soit détruit pour que la peinture disparaisse.

Dans un grand nombre de tribus sauvages, les guerriers ont l'habitude de se peindre le visage et même d'autres parties du corps pour se donner un aspect plus terrible. Chez les barbares du Nord, cette coutume n'était pas très rare; on l'attribue aux Pictes qui occupaient l'Écosse avant l'invasion romaine.

Le jour du triomphe, les généraux romains se fardaient avec du vermillon. A Rome, on fardait jusqu'aux statues; les jours de grandes fêtes, les censeurs étaient obligés par leurs fonctions de faire repeindre en rouge la face de la statue de Jupiter.

Chez les peuples civilisés, il n'y a plus guère que les gens de théâtre et un petit nombre de femmes élégantes qui aient conservé l'habitude de se farder régulièrement. C'est d'ailleurs une question de mode; sous Louis XV, aucune femme en toilette n'eût osé se montrer en public sans être artistement peinte, ornée de quelques *mouches* et bien poudrée à blanc. Les femmes de nos jours usent du fard beaucoup plus discrètement : quelques-unes ont même la prétention de le dissimuler d'une manière complète : mais un œil exercé reconnaît tout de suite les *maquillages* les plus habiles.

Il n'y a qu'une seule espèce de fard qui puisse à lui seul remplacer tous les autres : c'est le *fard de la santé*, qui fait circuler sous la peau un sang riche et vermeil, qui donne aux lèvres le véritable ton carminé, aux yeux le brillant et l'éclat velouté absolument inimitable.

Mais à toutes les époques, il a paru nécessaire de venir en aide à la nature.

Dès la plus haute antiquité, les femmes de l'Orient ont fait usage du sulfure d'antimoine en poudre fine pour noircir le bord des paupières et faire paraître les yeux plus grands. On l'appliquait avec une aiguille (à pointe arrondie) : on s'en servait aussi pour peindre les sourcils.

L'une des filles de Job est appelée par son père

vase d'antimoine, sans doute parce qu'elle faisait grand usage ou même abus de ce fard primitif.

Ayant appris la prochaine arrivée de Jéhu à Samarie, Jézabel se passe les yeux à l'antimoine afin de paraître dans tout l'éclat de sa beauté. C'est ce que Racine a développé dans les vers célèbres :

> Même elle avait encore cet éclat emprunté
> Dont elle eut soin de peindre et d'orner son image
> Pour réparer des ans l'irréparable outrage.

Les dames romaines usaient largement du fard. Elles employaient la céruse (blanc de plomb) dont l'action prolongée sur la peau est extrêmement dangereuse. Il en résultait sans doute un certain nombre de maladies que les médecins du temps attribuaient à toute autre cause, car les anciens ne savaient pas jusqu'à quel point le plomb est vénéneux.

Nos médecins sont beaucoup plus avancés. Quand un malade meurt, on a presque toujours la consolation de savoir quelle est la maladie qui l'a emporté : ce qui est assurément un progrès, en attendant qu'on puisse guérir toutes les maladies.

Les blancs de fard employés actuellement sont généralement inoffensifs.

La *poudre de riz* n'est autre chose que de l'amidon de riz en poudre impalpable, c'est-à-dire passé au tamis de soie très fin.

Toutefois la poudre de riz destinée à l'exportation pour les pays chauds est souvent mêlée de blanc de plomb. Les parfumeurs coupables de telles fraudes devaient être fort sévèrement condamnés, si nos lois sur les falsifications étaient mieux conçues et surtout mieux exécutées.

La céruse coûte un peu moins cher que l'amidon de riz (qui vaut seulement de 0 fr. 70 à 0 fr. 80 le kilogramme) : mais ce n'est point par économie qu'on l'introduit dans la poudre de riz.

Dans les pays chauds, la transpiration est tellement abondante (même chez les personnes oisives), qu'il se forme à la surface de la peau de véritables *ruisseaux* qui entraînent la poudre de riz et laissent des sillons désagréables à la vue. Au contraire, le blanc de plomb colle à la peau en formant une sorte de mastic, de façon que la transpiration ne *marque* plus sur la peau.

Cette redoutable falsification a été constatée pour la première fois par un médecin de Paris, dans des circonstances curieuses.

Une dame de la Guadeloupe était venue à Paris avec sa jeune fille pour se faire traiter d'une maladie très douloureuse et impossible à guérir. Le médecin reconnut les symptômes des coliques de plomb, mais ses clientes affirmaient n'avoir jamais absorbé de plomb sous aucune forme. Cependant la jeune fille fut atteinte d'un furoncle à la paupière; on lui appliqua comme cataplasme un oignon cuit à petit feu. Le médecin reconnut que la peau devenait brunâtre par suite de l'action du soufre contenu dans l'oignon, ce qui ne pouvait avoir lieu que si la peau était pénétrée d'un composé de plomb. Ce fut un trait de lumière; on essaya la poudre de riz dont ces dames usaient largement chaque jour; elle contenait le quart de son poids de céruse!

Les deux victimes ne guérirent qu'à la suite d'un traitement longtemps prolongé; elles avaient subi un véritable empoisonnement par le plomb, d'autant plus dangereux qu'il s'était fait plus lentement.

Conclusion : les dames qui habitent les pays chauds doivent toujours faire essayer leur poudre de riz, afin de s'assurer qu'elle est exempte de plomb.

Les fards de différentes couleurs ont pour base le *talc* ou *craie de Briançon*, matière tout à fait inoffensive, très onctueuse au toucher; c'est la *poudre de savon* qu'on emploie pour faciliter l'essayage des gants ou des chaussures. C'est encore cette poudre qu'on emploie pour le *satinage* des papiers peints.

Cette poudre ne serait pas assez blanche; on y ajoute du *blanc de neige* (blanc de zinc) ou du *sous-nitrate de bismuth*. Ce dernier produit n'est pas sans inconvénients : il attaque la peau et y détermine la formation d'une foule de petites rides.

En ajoutant au talc du rose de carthame, on obtient le fard rouge ordinaire (*rouge végétal pour les lèvres*). Ce fard est inoffensif, comme le *fard au carmin* qui donne à peu près le même ton rose vif. Mais le *fard rouge au vermillon* (sulfure de mercure) ne doit être employé qu'avec précautions, en l'appliquant sur une première couche de rouge végétal.

Les crayons noirs ou bruns qui servent pour les paupières et les sourcils sont tout à fait sans danger.

Mais il n'en est pas de même pour la plupart des teintures destinées aux cheveux.

Ce qu'il y a de plus inoffensif pour la chevelure, c'est la poudre, qui a régné despotiquement pendant tout le dernier siècle sur les coiffures des deux sexes. La poudre à cheveux n'est autre chose que de l'amidon très fin, comme la poudre de riz. Comme les coiffeurs du temps de Louis XV étaient toujours blancs de poudre, le peuple de Paris les comparait à des *merlans* apprêtés pour la friture; le surnom est resté, bien que l'usage de la poudre soit devenu très exceptionnel.

C'est la poudre à cheveux qui a été l'occasion de la découverte de la terre à porcelaine en Saxe.

Un spéculateur du pays avait imaginé de vendre comme poudre à cheveux une terre blanche restée jusque-là sans usage.

L'électeur de Saxe retenait en prison un alchimiste nommé Bœttger, jusqu'à ce que celui-ci fût parvenu à faire de l'or.

Le prisonnier se faisait poudrer chaque jour. Il constata que la poudre de son coiffeur était fort lourde, s'enquit de la provenance et reconnut que c'était du véritable *kaolin* (terre à porcelaine), vainement cherché jusque-là. La fabrication de la porcelaine de Saxe commença aussitôt, dans la forteresse où Bœttger était renfermé (1709). Le secret fut bien gardé : il y avait peine de mort contre l'ouvrier qui aurait fait connaître le moindre secret de fabrication.

Nos élégantes ont abandonné la poudre; elles ont mis à la mode les cheveux jaunis au moyen de *l'eau à blondir*.

Cette eau n'est autre chose que de l'*eau oxygénée* (bioxyde d'hydrogène), composé découvert par Thenard en 1818. L'eau oxygénée attaque les cheveux et altère la matière colorante noire ou brune contenue dans l'intérieur, de manière à lui donner une teinte brun jaune.

C'est encore à l'aide de l'eau oxygénée qu'on amincit et qu'on blanchit les chevelures noires des femmes de la race jaune, employées à Paris en grande quantité pour la fabrication des faux cheveux. On ne pourrait utiliser directement les cheveux asiatiques, qui sont gros comme des crins et manquent absolument de souplesse. Après le traitement, on les teint en diverses couleurs, variant du blond jusqu'au noir, en passant par les bruns châtains.

Mais quand on opère *sur le vivant*, il n'est pas

aussi facile de teindre les cheveux. Supposons un vieillard pourvu d'une belle chevelure blanche : pour la teindre, il faudrait la faire bouillir pendant deux heures avec de l'eau, de l'alun et du bitartrate de potasse (crème de tartre); laver à grande eau; puis faire bouillir à nouveau avec de l'eau, du bois de Campêche et du sulfate de cuivre. Les cheveux deviendraient d'un beau noir à reflets bleus, comme l'aile du corbeau. C'est ainsi qu'on peut teindre la laine ou les cheveux (séparés de la tête).

Pour teindre les cheveux *en place*, on a essayé un grand nombre de moyens.

Comme les cheveux contiennent du soufre, ils noircissent quand on les imprègne d'une solution de plomb ou d'argent. Mais le noir ainsi obtenu est d'un aspect dur et cru, de sorte que ce genre de teinture ne produit pas la moindre illusion.

On a obtenu de meilleurs résultats en faisant succéder l'action d'un sulfure alcalin très faible à celle de la solution de plomb.

Une des eaux merveilleuses ou féeriques les plus vantées s'obtient au moyen de l'hyposulfite de plomb et de soude préparé en versant peu à peu de l'acétate de plomb dans de l'hyposulfite de soude. Cette mixture se change peu à peu en sulfure de plomb noir qui reste adhérent aux cheveux.

On a aussi employé l'acide pyrogallique uni à l'ammoniaque ou à la potasse, mais la teinte obtenue n'arrive pas jusqu'au noir : elle ne dépasse guère le brun foncé.

Nos ancêtres les Gaulois se servaient pour leurs belles chevelures blondes d'un cosmétique formé d'un mélange de graisse, de chaux vive et de cendres de bouleau : ce qui revenait à l'emploi d'un savon imparfait, très chargé de potasse caustique. C'était justement cet excès de potasse qui avivait la teinte blonde, mais au détriment des cheveux.

En Orient, les femmes se teignent les ongles en jaune à l'aide du *henné* : c'est une pâte faite avec les feuilles du *Lawsonia inermis* réduites en poudre et broyées avec de l'eau. Cet usage remonte à la plus haute antiquité. On se sert aussi du henné pour teindre les crins des chevaux blancs et même les cheveux de couleur claire.

VII

VISION DES COULEURS. — LE DALTONISME. — LA VISION CHEZ LES ANIMAUX

Les sensations produites par les objets colorés ne peuvent pas être définies; il est impossible d'en donner une idée quelconque à une personne qui ne les a jamais éprouvées.

Locke, célèbre philosophe anglais, prétendait le contraire. Il voulut faire l'expérience sur un aveugle-né, au milieu d'un petit cercle de savants et d'amis.

Il fit à l'aveugle de fort ingénieuses descriptions des phénomènes lumineux: il parla du plaisir qu'on éprouve quand la lumière pénètre dans l'œil et vous fait percevoir une couleur agréable.

« Avez-vous bien compris? demanda-t-il à l'aveugle, homme d'ailleurs fort intelligent. Quelle idée vous faites-vous de la lumière? — Oui, oui, je comprends très bien, répondit l'aveugle; la lumière ressemble tout à fait à du sucre qui entrerait dans les yeux au lieu de pénétrer dans la bouche! »

Il faut remarquer tout d'abord que les sensations lumineuses dépendent surtout du *sujet* qui les perçoit, et non pas seulement de l'*objet* lumineux qui les envoie.

Ce sont des phénomènes *subjectifs* et non pas *objectifs*, pour employer le jargon de la philosophie moderne.

Les couleurs sont en nous, disait Newton, l'illustre savant auquel nous devons les premiers travaux scientifiques sur les couleurs.

Ce qui le prouve nettement, c'est que la même couleur est appréciée diversement par plusieurs personnes différentes.

Certains yeux sont frappés d'*achromatopsie*, c'est-à-dire d'impossibilité de distinguer les couleurs.

Quelquefois ce défaut est tellement développé qu'on ne discerne aucune couleur; on distingue seulement les objets plus éclairés de ceux qui le sont moins : tous les objets paraissent blancs, gris ou noirs. Un tableau peint des couleurs les plus vives produira l'effet d'un lavis à l'encre de Chine. Tel fut le cas d'un cordonnier anglais, Harris célèbre dans les annales de la science.

Mais, le plus souvent, cette incapacité de voir les couleurs s'applique seulement à telle ou telle nuance.

Une personne ne verra pas le rouge sur fond blanc; pour une autre ce sera le jaune, etc.

Un autre défaut de la vue est beaucoup plus commun, car il atteint 5 et même 10 pour 100 de la population adulte : c'est le *daltonisme*, ainsi nommé parce que Dalton, éminent physicien anglais, était atteint de ce défaut et qu'il en a fait sur lui-même une étude fort complète.

Les femmes sont beaucoup moins sujettes au daltonisme que les hommes, parce que dès l'enfance l'œil féminin s'exerce à comparer les couleurs afin de les assortir heureusement pour la toilette, les ouvrages de tapisserie, etc. C'est une véritable éducation de l'œil, dont l'autre sexe ne profite pas.

Le daltonien complet ne voit dans le spectre que deux régions : l'une (qu'il appelle *jaune*) comprend le *rouge*, l'*orangé*, le *jaune*, le *vert* ; l'autre (qui est pour lui le *bleu*) se compose du *bleu*, de l'*indigo*, du *violet*.

Entre ces deux régions se trouve une zone qui lui paraît gris clair, presque blanche ; elle correspond à peu près à la raie F (voir pl. I).

Dalton confondait si bien le rouge avec le vert qu'il lui était impossible de trouver un bâton de cire à cacheter rouge au milieu d'un gazon bien vert, nouvellement tondu.

On peut remarquer à ce sujet que les premières couleurs nommées plus haut sont souvent appelées *couleurs lumineuses* (rouge, orangé, jaune), et les autres *couleurs obscures* (bleu, indigo, violet).

Le vert tient à peu près le milieu entre ces deux catégories.

La personne atteinte assez faiblement de daltonisme confond deux couleurs, vert et bleu, par exemple, ou bien prend une couleur pour une autre, par exemple le vert pour le rouge ou inversement.

Quand on fait passer des examens aux futurs employés des chemins de fer, il est nécessaire de vérifier qu'aucun des candidats n'est atteint de daltonisme.

On présente une lanterne verte à chaque candidat en lui demandant son avis sur la couleur; celui qui la trouverait rouge serait immédiatement refusé, car un tel employé pourrait confondre des signaux et occasionner de terribles accidents.

Ce sont précisément les examens pour les chemins de fer et pour la marine qui ont révélé la fréquence du daltonisme : aussi ne faut-il pas s'étonner outre mesure si tels artistes de talent manquent absolument du sens des couleurs. Pour certains paysagistes tous les verts paraissent bleus ou vert bleu; et réciproquement le bleu sera toujours verdâtre à leurs yeux. Leurs œuvres sont nécessairement *poussées au bleu*; pour reproduire la verdure naturelle, ils prendront volontiers du bleu de Prusse à peine verdi par un peu de jaune.

Tel artiste (qu'on pourrait nommer) ne voit pas bien le rouge, surtout quand il est mêlé de beaucoup de blanc ; ses œuvres sont de vraies *grisailles* ; les chairs des hommes rappellent la brique, celles des femmes sont couleur de plâtre mêlé d'un peu de lie de vin.

Pour apprécier la sensibilité de l'œil au point de

Fig 4. — Le Caméléon. (Voir p. 52.)

vue des couleurs, on peut procéder de la manière suivante :

Sur une palette, on mélange intimement avec du blanc de céruse (ou du blanc de zinc) une *pointe* de bleu de Prusse ; on fait la même chose avec un peu de laque de garance, de jaune indien et de vert émeraude.

On a ainsi cinq échantillons : *blanc bleuâtre*,

blanc rosé, blanc jaunâtre, blanc verdâtre; plus le *blanc pur.*

Si une personne non prévenue ne distingue pas immédiatement ces cinq échantillons, c'est qu'elle n'a pas la vue sensible. Si elle ne désigne pas exactement les cinq nuances, ou si elle confond deux échantillons colorés, c'est qu'elle est *daltonienne,* à un degré quelconque.

La sensibilité naturelle peut se développer par l'étude, mais le daltonisme est incurable.

Il faut bien se garder de fatiguer la vue des enfants en les habillant de couleurs trop *voyantes,* de rouge vif, par exemple, dès le premier âge; ou bien en les faisant travailler avec le jour en face, quand ils sont d'âge à étudier. Beaucoup de vues faibles n'ont pas d'autre origine.

Les animaux voient les couleurs à peu près comme nous les voyons; ils peuvent même les comparer et les imiter.

Le *caméléon* (fig. 4) prend à volonté la teinte des objets qui l'environnent. Sous l'épiderme du caméléon se trouvent des vésicules remplies d'un liquide rouge, jaune ou noir. L'animal peu distendre à volonté ces vésicules. S'il est placé sur un fond vert olive, il arrive (après quelques essais) à donner à sa peau la teinte du fond; en distendant les vésicules jaunes et noires, il fait apparaître en quelque sorte toutes les nuances de brun (Paul Bert).

Quand on place un jeune carrelet sur un fond

de sable gris, on le voit prendre au bout de peu de temps exactement la teinte grise du fond. Si on le porte alors sur un fond brun chocolat, il se don-

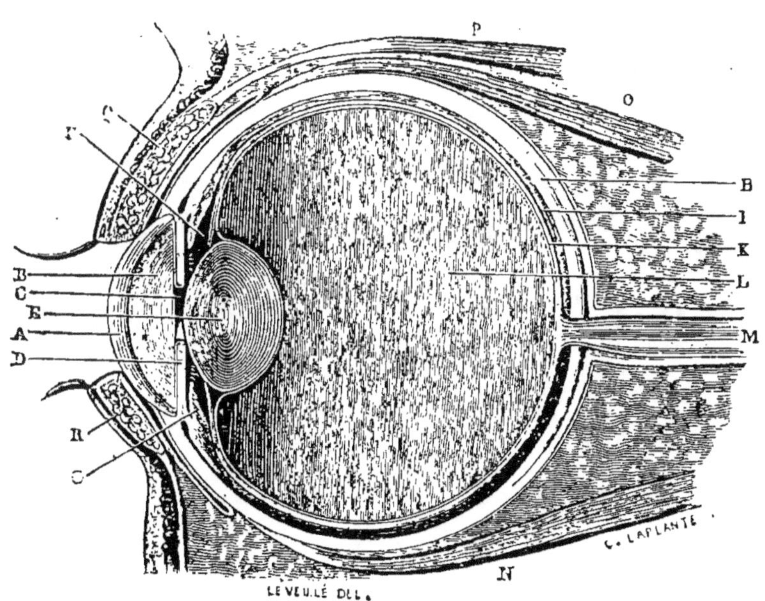

Fig. 5. — Coupe de l'œil humain. — A, cornée transparente. — B, humeur vitrée. — C, pupille. — D, iris ou *prunelle*. — E, cristallin. — M, nerf optique, dont l'épanouissement à la surface d'une partie du globe de l'œil constitue la *rétine*.

nera bientôt cette même teinte par des moyens analogues à ceux qu'emploie le caméléon (Agassiz).

Les animaux doués de cette faculté merveilleuse en profitent pour échapper plus facilement à leurs ennemis.

VIII

Quand le soleil est un peu élevé au-dessus de
l'horizon, la lumière qu'il nous envoie nous donne
la sensation du blanc pur. Mais, quand il est près
de son lever ou de son coucher, ses rayons
éclairent les objets en rose ou en rouge orangé :
cela tient à ce qu'ils ont traversé une couche d'air
fort épaisse, plus ou moins chargée d'humidité.

Les sommets neigeux des Alpes paraissent roses
au lever du soleil. Les montagnes boisées ou ga-
zonnées, vues à grande distance, prennent un ton
violeté particulier, qui résulte de la superposition
du vert et du rouge plus ou moins orangé, quand
on les observe au soleil couchant.

La lumière de la lune et celle des planètes n'est
autre que la lumière du soleil que ces astres nous
renvoient ; elle n'a donc pas de propriétés spéciales.
Les principales planètes sont Mercure, Vénus, Mars,

Jupiter, Saturne, Uranus et Neptune (découverte en 1846 par Le Verrier). On en connaît près de trois cents autres, invisibles à l'œil nu.

Mais la lumière des étoiles est absolument différente. Toutes les étoiles sont de véritables *soleils*, la plupart beaucoup plus importants que le nôtre.

Ces astres émettent une lumière analogue à celle du soleil, mais non pas identique. Certaines étoiles sont blanches, comme le soleil; d'autres sont rouges, vertes, jaunes ou bleues.

En général, personne ne remarque les différences de couleurs que présentent les étoiles. Pour les apprécier, il faut avoir une vue naturellement sensible et une grande habitude de ce genre d'observations. On peut toutefois se rendre compte de la coloration propre à chaque étoile, en l'observant à travers un petit trou pratiqué dans un carton; l'œil n'est pas ébloui par la lumière des étoiles voisines et peut apprécier beaucoup plus sûrement la nuance de l'astre observé.

Certaines étoiles se dédoublent quand on les observe à l'aide de fortes lunettes; l'une des deux se comporte comme un *satellite*, elle tourne autour de l'autre. Telles sont : l'étoile *alpha du Lion*, qui se compose d'une étoile blanche avec un satellite bleu; l'étoile *gamma d'Andromède*, composée d'une étoile rouge et d'un double satellite de couleur verte; etc.

Il est extrêmement probable que chacun de ces soleils est accompagné d'un cortège de planètes invisibles à cause de l'énormité de la distance ; car l'étoile la plus voisine de nous (*alpha du Centaure*) est *deux cent mille fois* plus loin que le soleil (qui est à trente-huit millions de lieues). Mais, si ces planètes sont habitées par des êtres organisés à peu près comme nous, quel merveilleux spectacle doit

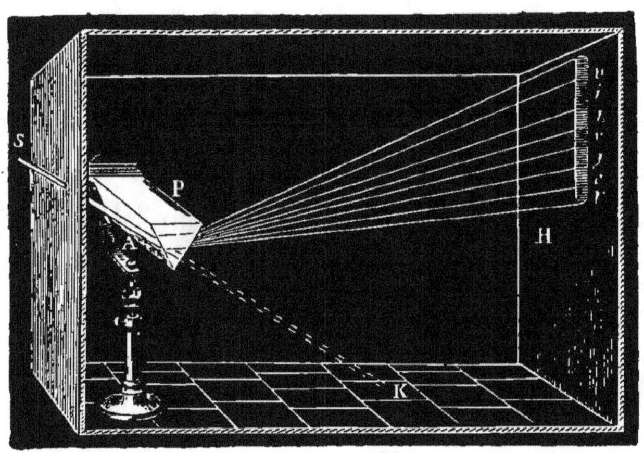

Fig. 6. — Intérieur d'une chambre obscure. — Décomposition de la lumière par un prisme. Le spectre s'étend depuis *r* jusqu'à *v*. (Voir p. 58.)

leur offrir la vue d'un soleil rouge et de deux soleils verts ! Quelle variété dans les paysages éclairés d'une façon si extraordinaire !

Quand on veut étudier la lumière solaire, on laisse pénétrer un rayon de soleil par une ouverture faite au volet d'une chambre complètement fermée ; c'est la *chambre noire* ou *chambre obscure*, qu'on a fini par rendre tout à fait portative, pour la photographie.

Jean-Baptiste Porta, Napolitain, a décrit, le premier, la chambre obscure (dans sa *Magie naturelle*, 1589). Il paraît toutefois que cet instrument primitif était déjà connu du moine Roger Bacon, le *docteur admirable* du treizième siècle, qui fut condamné comme magicien. Il donne dans ses ouvrages quelques indications relatives à la chambre obscure; mais cet instrument resta dans l'oubli jusqu'au seizième siècle.

Il est facile d'ailleurs de reconnaître la marche d'un rayon de lumière dans une chambre obscure, à l'aide des poussières qui flottent dans l'air et qui sont vivement éclairées sur le trajet suivi par la lumière.

Supposons qu'on fasse arriver un rayon sur une des faces d'un *prisme* de verre; on verra le rayon sortir par la face opposée en subissant une *déviation, vers la base du prisme*; c'est-à-dire que si le prisme est horizontal (comme dans la figure 6) et si l'angle traversé par la lumière est en bas, le rayon oblique SK qui tombera sur le prisme en A s'éloignera du sol. Il se rapprochera ainsi de la *base* P du prisme : on appelle, en optique, *base* du prisme la face opposée à l'angle solide traversé par la lumière.

Mais cette déviation par le prisme n'est qu'une partie du phénomène : il y a non seulement *déviation* du rayon lumineux, mais encore *dispersion* ou *décomposition* du rayon en plusieurs autres.

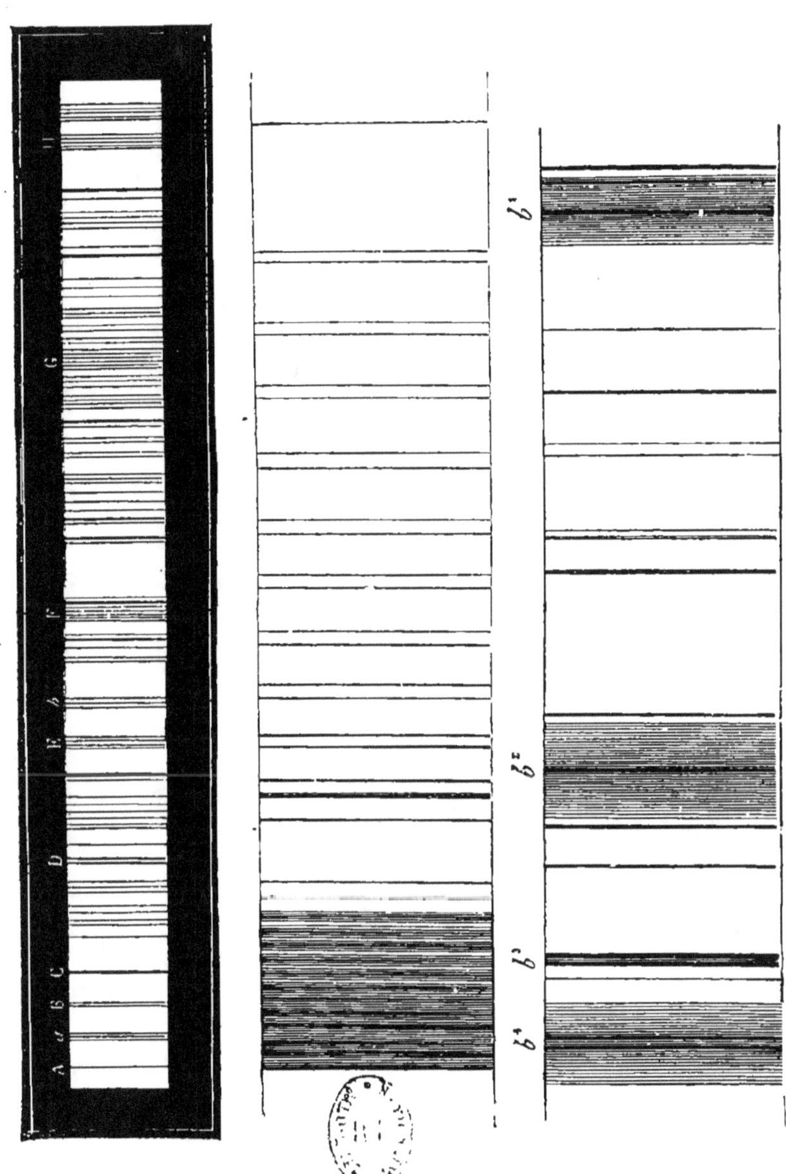

Fig. 7. — Spectre solai-
re: Raies de Frauen-
hofer. (Voir p. 61.)

Fig. 8. — Raies du grou-
pe B vues dans le
spectroscope.

Fig. 9. — Raies du grou-
pe b, d'après M. Thol-
lon.

En effet, plaçons un carton blanc en H (fig. 6),
de manière à recevoir la lumière sortant du
prisme en A : au lieu de la tache blanche que donne la
lumière ordinaire du soleil, nous avons une tache
multicolore *rv*, qu'on désigne sous le nom de *spectre
solaire*. Dans le cas présent, *spectre* signifie simplement *image, apparence*.

En faisant pénétrer la lumière solaire par une

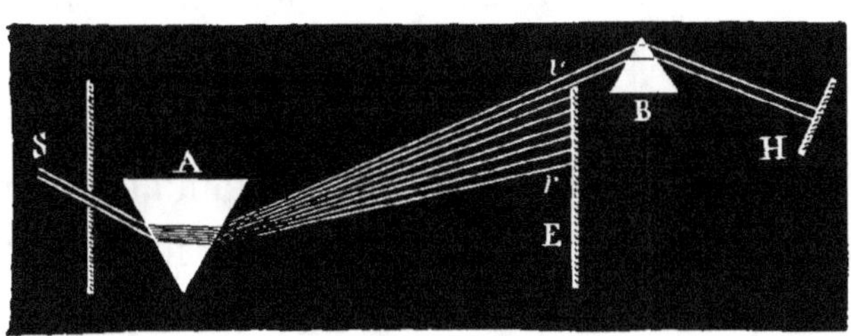

Fig 10. — Déviation d'un rayon simple.

fente très étroite parallèle à l'arête du prisme,
on obtient (à l'aide de dispositions spéciales) un
spectre *bien épuré*, constitué comme l'indiquent les
figures 7, 8 et 9, et les planches en couleurs I, II
et III.

Les couleurs se présentent dans l'ordre suivant :
violet, indigo, bleu, vert, jaune, orangé, rouge.

Cet ordre est facile à retenir, car les sept noms
des couleurs, énoncés dans cet ordre ou dans l'ordre
inverse, forment un vers alexandrin.

C'est Newton qui a fait cette mémorable expérience ; il a démontré que la lumière blanche n'est
pas *simple* ; qu'elle résulte du mélange de sept

rayons principaux qui sont séparés par l'action du prisme.

Quand on fait tomber l'un des rayons simples (séparés par un premier prisme A, fig. 10) sur un second prisme B, on reconnait qu'il y a encore *déviation*, mais non plus *dispersion* : c'est-à-dire que le rayon violet, par exemple, donnera sur l'écran une image violette rapprochée de la base B du second prisme ; mais cette image est franchement violette, sans la moindre coloration étrangère.

Si l'on réunit tous les rayons séparés par le prisme, on reproduit de la lumière blanche : on peut y parvenir par différents procédés fort exacts ; le plus simple, c'est celui du *disque de Newton*.

Sur un carton circulaire, on colle des secteurs colorés des diverses nuances du spectre et de grandeurs proportionnées aux espaces occupés par ces nuances dans le spectre solaire (fig. 11).

Si le disque ne portait que des secteurs rouges, en le faisant tourner rapidement, il paraîtrait rouge ; tel un tison enflammé semble tracer un cercle de feu continu, quand on le fait vivement tourner. En effet, l'impression sur l'œil persiste pendant un dixième de seconde : de sorte que, si le mouvement est rapide, l'extrémité du tison parait occuper en même temps tous les points du cercle.

Mais le disque porte aussi de l'orangé : il devra donc paraitre en même temps orangé ; du jaune, donc il semblera jaune, etc. Par conséquent, il

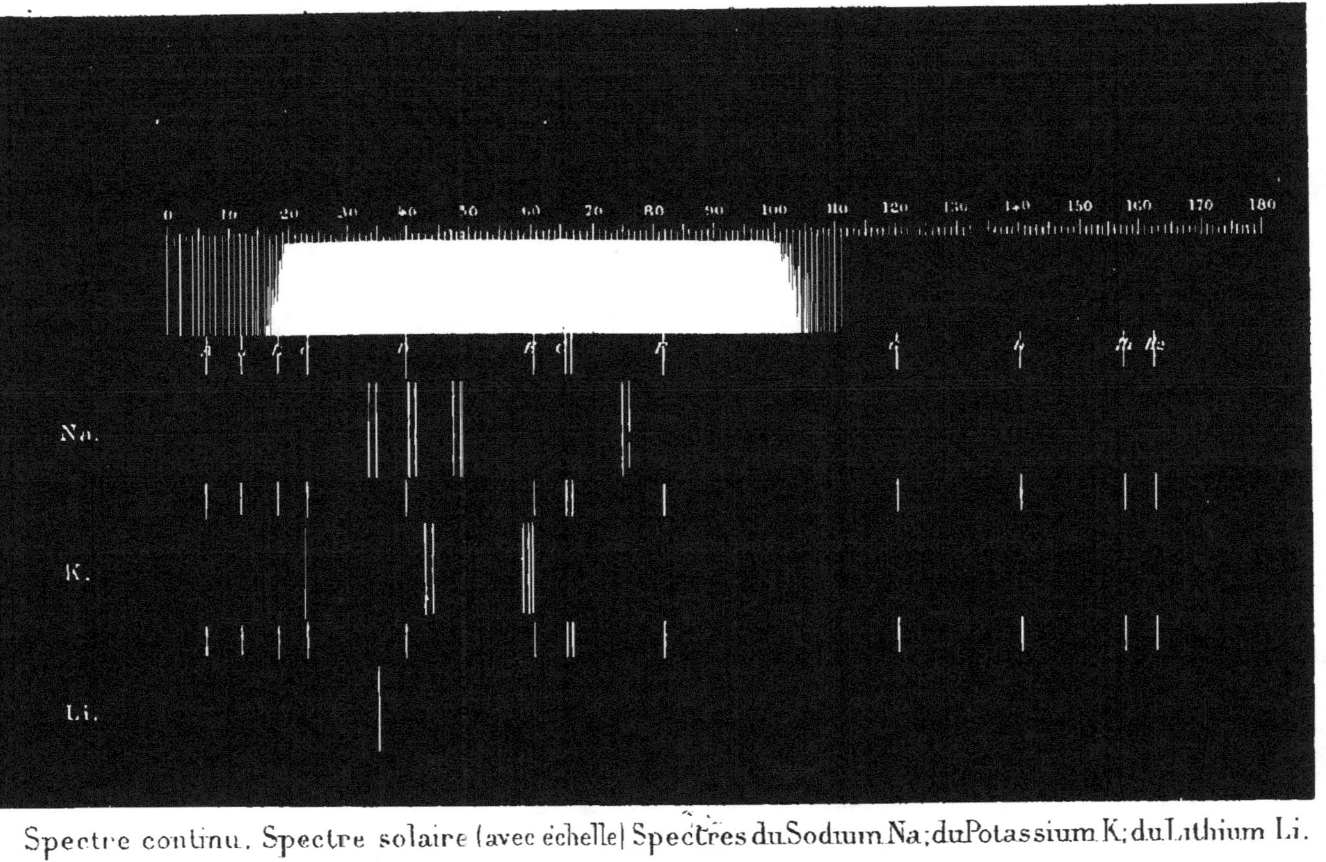

Spectre continu. Spectre solaire (avec échelle) Spectres du Sodium Na; du Potassium K; du Lithium Li.

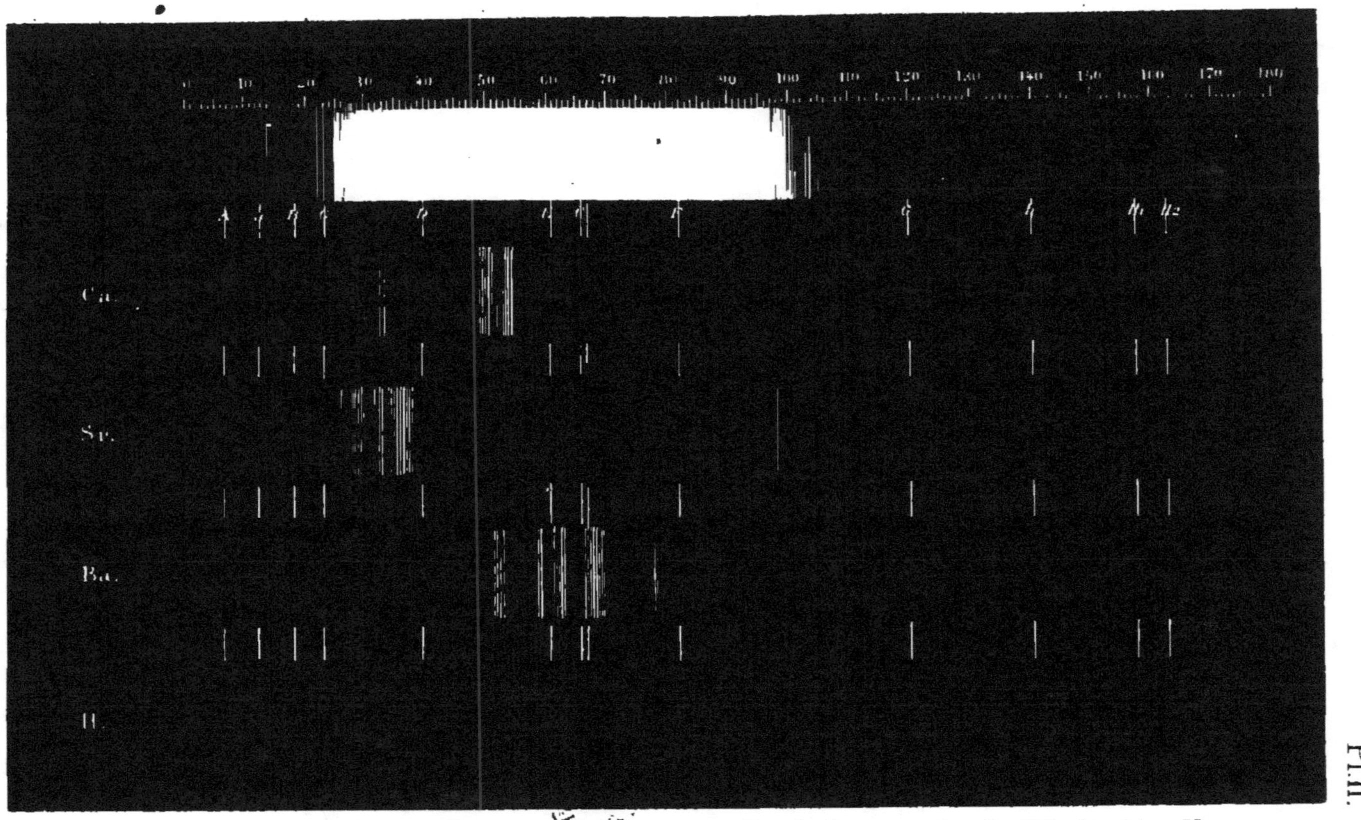

Spectres : Solaire; du Calcium Ca; du Strontium Sr; du Baryum Ba; de l'Hydrogène H.

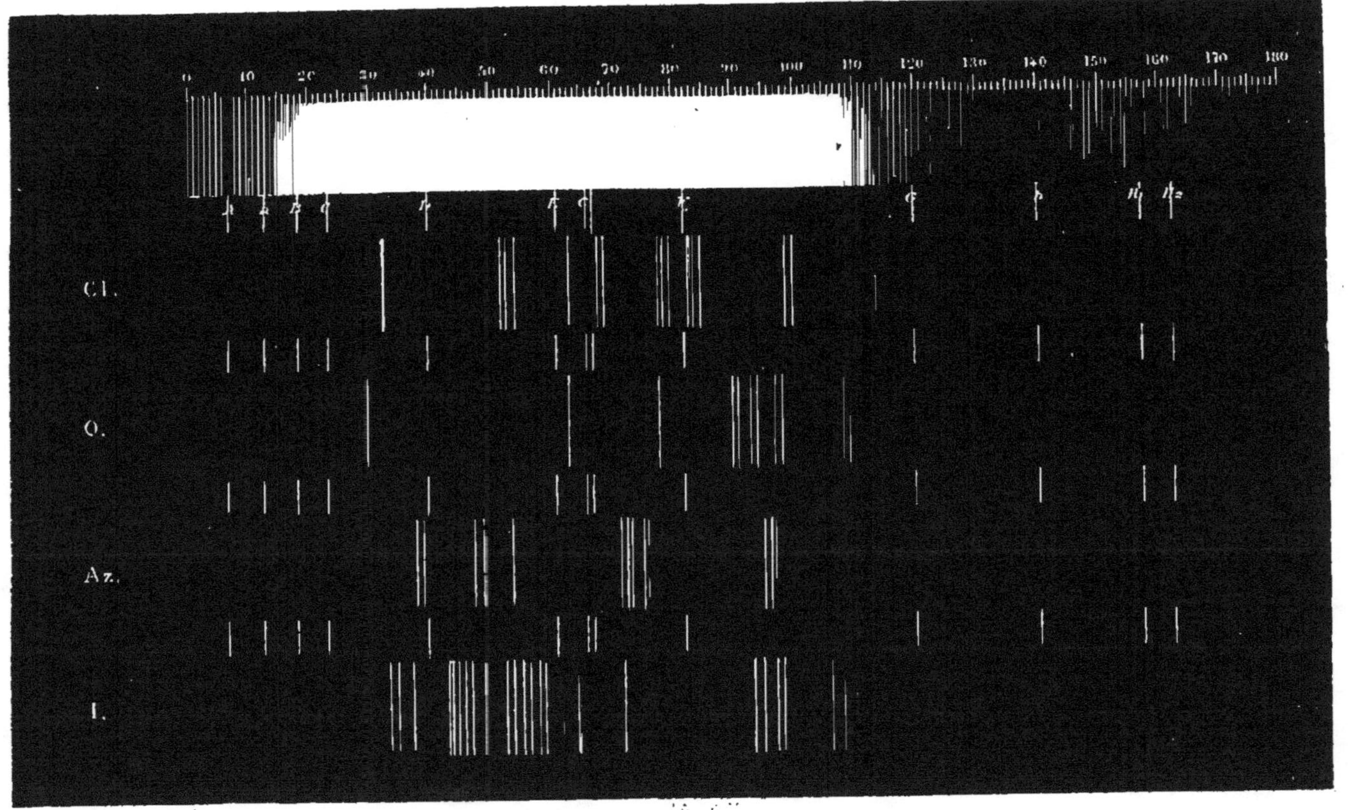

Spectres: Solaire; du Chlore Cl; de l'Oxygène O; de l'Azote Az; de l'Iode I.

paraîtra blanc, puisqu'il nous envoie les sept espèces principales de lumière.

Mais comme les couleurs matérielles sont toujours plus ou moins imparfaites, au lieu d'un blanc pur.

Fig. 11. — Recomposition de la lumière par un disque tournant.

nous n'aurons qu'une teinte uniforme, blanc grisâtre.

Les couleurs d'un spectre bien épuré sont tellement vives et pures qu'il est impossible de les reproduire d'une façon très rigoureuse.

A côté de ces nuances magnifiques, les couleurs de l'arc-en-ciel sont absolument ternes : la vieille écharpe d'Iris, si vantée par les poètes, semble tuellement bien démodée. Les gouttes de pluie agissent à la manière d'un prisme pour décomposer la lumière blanche : mais les couleurs *empiètent* les unes sur les autres de manière à donner des nuances *rabattues*. Dans l'arc-en-ciel, il n'y a guère que le rouge et le violet qui soient à peu près purs.

C'est Newton qui a donné la théorie complète de l'arc-en-ciel, phénomène qui se produit *nécessairement* chaque fois que les rayons solaires viennent frapper des gouttes d'eau et que l'observateur tourne le dos au soleil : comme on peut le vérifier sur les jets d'eau de nos jardins publics.

On a conservé la division du spectre solaire en sept régions principales (indiquées plus haut), parce qu'elle est commode pour l'étude.

Mais, en réalité, le soleil nous envoie une infinité de radiations ; d'abord les rayons *infra-rouges*, qui sont moins déviés que le rayon rouge ; ces rayons sont invisibles pour notre œil, mais ils sont *calorifiques*, c'est-à-dire qu'ils échauffent un petit thermomètre qu'on place en deçà de la partie rouge du spectre. Pour faire l'expérience, il faut employer un prisme de sel gemme, car le verre arrête les *rayons de chaleur obscure*.

Puis les rayons *ultra-violets*, qui sont plus déviés que le rayon violet. Ces rayons sont invisibles, comme les infra-rouges : mais ils ne donnent pas de chaleur : on ne peut en constater l'existence que par l'action qu'ils exercent sur les préparations d'argent usitées pour la photographie. Si l'on reçoit un spectre sur du *papier sensible*, il se reproduit *en noir* sur toute sa longueur et même bien au delà du violet.

Ces rayons ul-tra - violets ou *rayons chimiques* deviennent visibles quand on les fait tomber sur une feuille de papier imprégnée de sulfate de quinine : cette feuille s'éclaire aussitôt en violet très vif dans la région située au delà des rayons violets.

On trouve aussi dans le spectre des *raies noires* au nombre de plu-

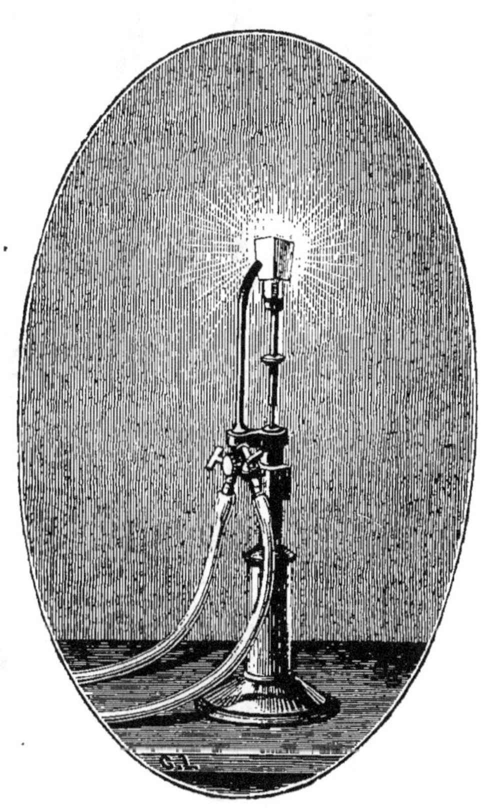

Fig. 12. — Lumière Drummond.

sieurs milliers. Une dizaine de ces raies sont fort apparentes et peuvent être distinguées avec des instruments très ordinaires; on les a désignées par les premières lettres de l'alphabet (fig. 7).

Quand on observe le spectre donné par un corps

solide incandescent, par exemple un morceau de

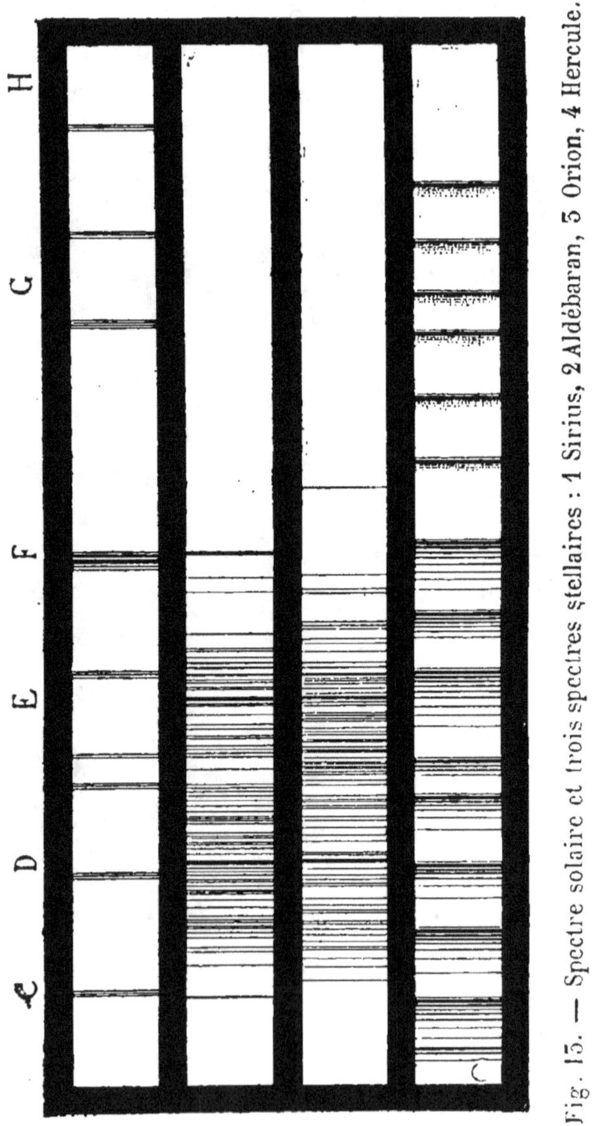

Fig. 15. — Spectre solaire et trois spectres stellaires : 1 Sirius, 2 Aldébaran, 3 Orion, 4 Hercule.

chaux maintenu dans une flamme d'hydrogène alimentée par de l'oxygène (fig. 12), on n'observe plus

de raies, mais un spectre continu avec les couleurs disposées dans le même ordre que pour le spectre solaire (pl. I).

Enfin le spectre donné par une flamme dans laquelle on introduit du sel ordinaire (chlorure de sodium), ou du chlorure de calcium, etc., présente une suite de raies brillantes, sur un fond noir.

Ce qu'il y a de très remarquable, c'est que les

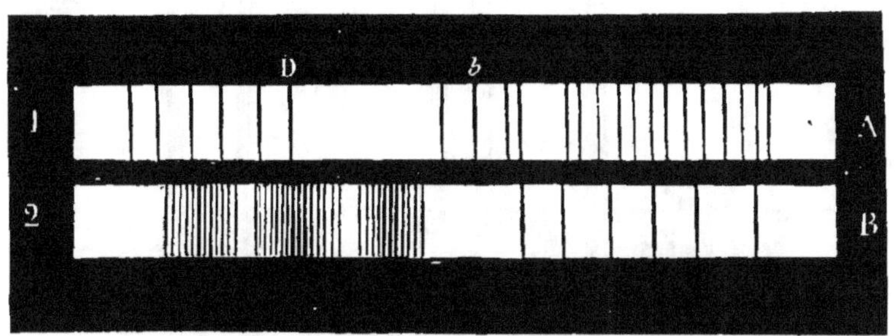

Fig. 14. — Spectre des deux composantes d'une étoile double.

raies brillantes données par la plupart des corps que nous connaissons coïncident avec certaines raies noires du spectre solaire (pl. I, II et III).

On a démontré que le soleil est une masse solide ou liquide incandescente entourée d'une atmosphère enflammée (la photosphère). Bien plus, la coïncidence dont nous parlions plus haut permet d'établir que l'atmosphère du soleil contient à l'état de vapeurs la plupart des corps que nous connaissons. Les étoiles ont une constitution analogue à celle du soleil (fig. 13 et 14).

C'est encore par l'étude des raies colorées données

par les différentes flammes que Bunsen et Kirchoff ont découvert le *césium* et le *rubidium* (1860-64); et que M. Lecoq de Boisbaudran a trouvé le *gallium*

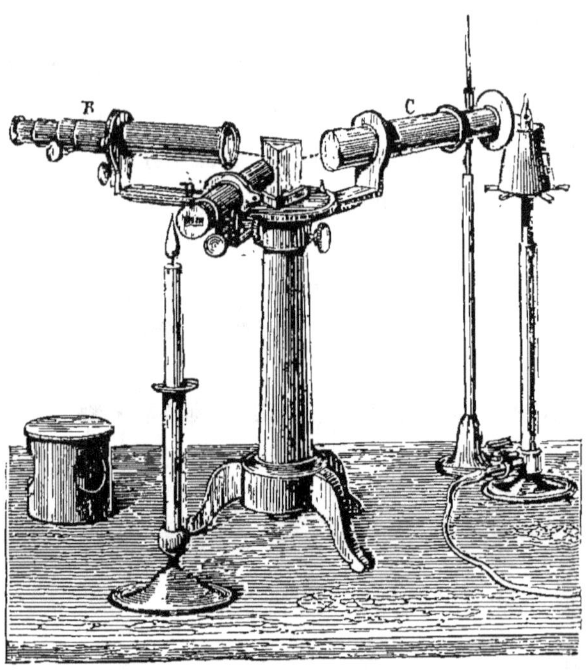

Fig. 15. — Spectroscope simple, à un seul prisme. — B, lunette astronomique. — C, *collimateur* disposé en avant d'une fente éclairée par un bec Bunsen, où l'on introduit des matières volatiles. — D, règle divisée, éclairée par la flamme d'une bougie. l'image de cette règle est vue *par réflexion* dans une des faces du prisme par la lunette B, de sorte que l'œil voit en même temps le spectre de la fente et l'image de la règle (comme l'indique la pl. I).

(1875), etc. Entre les mains des savants éminents, *l'analyse spectrale* est devenue l'un de nos plus puissants moyens d'investigation, auquel nous devons déjà la connaissance d'une dizaine de métaux nouveaux. Cette nouvelle méthode n'étant pratiquée que depuis 1860, les savants feront encore plus d'une brillante découverte en suivant la voie tracée par Bunsen et Kirchhoff, et en s'aidant des excellents instruments (*spectroscopes*) perfectionnés par plusieurs savants de premier ordre.

La figure 15 représente un spectroscope ordinaire.

DIFFÉRENTES SOURCES DE LUMIÈRE.

La *lumière Drummond* ou *lumière oxy-hydrique*, qu'on emploie souvent pour éclairer les *appareils à projections*, s'obtient en faisant arriver sur un morceau de chaux une flamme d'hydrogène alimentée par de l'oxygène, comme nous l'avons indiqué plus haut (fig. 12).

La chaux devient éblouissante et prend un éclat tout à fait comparable à celui du soleil.

Le spectre de la lumière Drummond ressemble au spectre solaire, mais avec cette différence capitale qu'il ne contient pas la moindre raie noire; c'est un *spectre continu* (pl. I).

Tous les corps solides ou liquides, suffisamment chauffés, donnent aussi des spectres continus. C'est ce qu'on observe avec la lumière produite par la combustion du *magnésium* (fig. 16). Mais ces spectres ne sont *complets* que si la température est très élevée; quand on chauffe graduellement, on voit d'abord apparaître le rouge, puis le jaune, etc.

La partie violette ne devient distincte que pour les corps chauffés jusqu'à la plus vive incandescence.

Les corps gazeux très fortement chauffés, au point de paraître lumineux, donnent des spectres tout différents : ce sont des raies brillantes qui se détachent nettement sur un fond noir.

Telle est la flamme de l'alcool chargé de sel ordinaire (chlorure de sodium), ou celle d'un bec de gaz (brûlant à *bleu*), dans laquelle on maintient un peu de sel (pl. I, Na).

Cette flamme est d'un jaune pur ; elle donne un spectre qui se réduit à une seule raie jaune très brillante (raie double caractéristique du sodium correspondant à la raie D du spectre solaire).

Mais si l'on ajoute du chlorure de potassium à l'alcool, on voit apparaître aussitôt plusieurs raies caractéristiques du potassium (deux raies rouges correspondant à la raie noire B du spectre solaire, plus une raie violette, etc.) (pl. I, K).

C'est ainsi que chaque métal est caractérisé par un système particulier de raies lumineuses. Pour le fer, il n'y a pas moins de *cinquante* raies correspondant exactement à cinquante des raies obscures du spectre solaire.

Quand on place une flamme jaune devant la lumière Drummond, on voit aussitôt se former dans le spectre continu de cette lumière une raie obscure identique à la raie D du spectre solaire.

Cette curieuse expérience (dite du *renversement*

des raies) a été faite par un habile physicien français, Léon Foucault. Elle prouve que le soleil est formé d'un noyau solide ou liquide enveloppé d'une

Fig. 16. — Lampe au magnésium.

atmosphère très chaude contenant des vapeurs de différents corps.

Supposons maintenant une flamme ordinaire, bec de gaz, lampe ou bougie ; cette flamme tient en suspension des parcelles de charbon (noir de fumée) portées à l'incandescence ; elle donnera donc le spectre continu des corps solides avec des raies brillantes provenant des gaz fortement chauffés qui constituent la flamme.

INFLUENCE DES DIFFÉRENTES SOURCES DE LUMIÈRE SUR LA VIE VÉGÉTALE ET LA VIE ANIMALE.

Les plantes ne peuvent végéter régulièrement dans l'obscurité.

Sous l'influence du soleil, de la lumière électrique ou de la lumière oxy-hydrique, la végétation est complète ; les parties vertes décomposent l'acide carbonique contenu dans l'air, la plante s'approprie le carbone et rejette l'oxygène dans l'atmosphère. C'est ce qu'on peut vérifier par l'expérience suivante, due à Cloëz et Gratiolet.

Des feuilles plongées dans un flacon plein d'eau laissent dégager de l'oxygène qu'on peut recueillir à la manière ordinaire quand le flacon est exposé à la lumière.

Dans l'obscurité, la plante dégage au contraire de l'acide carbonique et absorbe de l'oxygène, mais l'acide carbonique produit est en quantité beaucoup moindre que celle de l'acide décomposé pendant le jour.

Sous l'influence de certaines lumières colorées, la végétation devient très imparfaite ou même nulle. Une plante élevée sous une cage de verre de couleur verte, s'étiole complètement, d'après les curieuses expériences de M. Cailletet. C'est ce qui explique

fort bien l'influence nuisible de l'ombre des grandes forêts; les rayons solaires qui ont traversé une
masse épaisse de feuillage ne donnent plus guère
que de la lumière verte. Mais il n'en est pas de même
pour l'ombre des palmiers-dattiers, dans les oasis de
l'Algérie et de la Tunisie; les arbres ne sont pas
assez rapprochés pour former une voûte de feuillage
continue, et d'ailleurs les palmiers ne portent des
feuilles qu'à une grande hauteur; de sorte que la
lumière peut arriver latéralement de tous côtés et
entretenir la végétation des plantes cultivées entre
ces arbres qui les abritent des ardeurs du soleil.

Ce sont les rayons jaunes et rouges qui sont les
plus actifs au point de vue de la végétation. Les
rayons violets n'exercent qu'une action très faible,
à peine supérieure à celle des rayons verts.

Au contraire, la vie animale est beaucoup plus
énergique sous l'influence des rayons violets,
d'après les expériences du général Pleasonton et de
M. Yung.

La lumière verte est aussi nuisible aux animaux
qu'elle l'est aux plantes. C'est une des raisons pour
lesquelles une maison ne doit jamais être couverte
par l'ombre des grands arbres.

Quant à la lumière électrique, il faut distinguer :

1° Les *lampes à incandescence* (*lampes Edi-
son*, etc.), dont la partie essentielle est un filament
de charbon porté au rouge vif par le passage du

courant électrique; la lumière émise est franchement jaune; elle éclaire les objets à peu près
comme la lumière du gaz et des bougies.

2° L'*arc électrique* (*bougies Jablochkoff*, etc.), qui
donne une lumière à peu près blanche, comme
celle qui nous vient du soleil. La couleur peut
d'ailleurs varier avec la nature des matières intro-
duites dans l'arc électrique, ou, plus simplement,
par l'interposition de verres de couleur sur le
trajet des rayons lumineux.

C'est ainsi qu'on a procédé pour l'éclairage des
magnifiques fontaines lumineuses, si justement
admirées à l'Exposition universelle de 1889.

IX

CAUSES DE LA COLORATION DES OBJETS.

Quand un rayon de lumière simple, de lumière jaune, par exemple, tombe sur un objet, une partie de la lumière est renvoyée (*réfléchie*) vers l'œil de l'observateur; l'autre pénètre dans l'intérieur de l'objet; c'est la lumière absorbée, et même elle le traversera complètement, si l'objet est transparent (ou *diaphane*, ce qui signifie exactement la même chose).

Mais si la quantité de lumière réfléchie est nulle (autrement dit, si tout est absorbé), l'objet paraîtra noir.

C'est ce qu'il est facile de vérifier par l'expérience suivante, qui est fort curieuse et que chacun peut répéter aisément.

On met dans une bouteille de l'alcool ordinaire (esprit-de-vin) et du sel bien sec. On agite à plusieurs reprises et on laisse déposer.

Cet alcool salé étant brûlé dans une lampe à

alcool ordinaire, on constate que la flamme est d'un jaune pur, et que tous les objets jaunes seront vivement éclairés et apparaîtront avec leur couleur propre.

Tout ce qui est blanc à la lumière du jour deviendra jaune.

Les objets noirs sembleront noirs; et il en sera de même de tous les objets rouge pur, vert pur, etc. Ainsi, dans la figure humaine, la peau qui est colo-rée par un mélange de jaune, de rouge et de bleu paraîtra tout à fait jaunâtre, d'un ton cadavérique effrayant : les lèvres du plus vif incarnat sembleront noirâtres, et les yeux bleu clair deviendront noirs.

Après avoir vu cette expérience, on comprend tout le parti qu'on a pu en tirer pour des mises en scène effrayantes : car le fait a été observé dès l'an-tiquité la plus reculée, mais il n'était connu que des adeptes.

Au lieu d'éclairer les objets avec de la lumière jaune, on peut les regarder à travers un verre jaune : comme ce verre ne laisse passer que les rayons jaunes et absorbe tous les autres, on obtien-dra des effets analogues.

La même expérience peut être répétée pour cha-cune des couleurs.

Si nous recevons un spectre solaire sur un papier coloré en rouge vif, le papier ne paraîtra rouge que dans la partie rouge du spectre; dans toutes les autres régions il semblera noir.

En répétant le même essai avec du papier bien noir, les pectre devrait être complètement invisible, puisque les objets noirs absorbent tous les rayons lumineux; mais le *noir matériel* n'est jamais parfait et le spectre est toujours faiblement visible sur un fond noir.

En résumé, chaque objet coloré renvoie l'espèce de lumière qui donne la sensation de sa couleur propre et il absorbe les autres rayons lumineux.

Les *objets noirs* absorbent tous les rayons en même proportion; les *objets blancs* les renvoient tous dans la proportion où ils constituent la lumière blanche naturelle.

X

COULEURS SIMPLES, COULEURS COMPOSÉES.

Il est fort rare qu'un objet soit coloré d'une teinte absolument pure, c'est-à-dire qu'il ne renvoie qu'une seule espèce de lumière; le plus souvent, il réfléchit plusieurs espèces de rayons lumineux, et les couleurs sont le plus souvent *composées*, au lieu d'être simples, comme celles du spectre solaire.

Le vert du spectre est une couleur *simple*; les verts obtenus par la superposition du jaune et du bleu sont des couleurs composées : tel est le vert des feuilles; tels sont les verts employés le plus souvent par les artistes ou les teinturiers.

De même le violet du spectre diffère des violets composés de rouge et de bleu; l'orangé, l'indigo du spectre, sont distincts de l'orangé formé de rouge et de jaune, de l'indigo obtenu par le bleu mêlé de violet, etc.

Les couleurs composées peuvent donner exactement les mêmes sensations que les couleurs simples, mais on peut toujours les distinguer aisément.

Par exemple, un vert mêlé de bleu et de jaune paraîtra *jaune* si on l'éclaire avec la flamme de l'alcool salé; tandis qu'un vert simple semblera *noir* dans les mêmes conditions.

Un savant de premier ordre, M. Helmholtz, à qui l'on doit de fort belles découvertes dans l'étude du son, a fait aussi d'intéressantes recherches sur les couleurs.

Voici un tableau qu'il a composé pour trouver la *teinte résultante* du mélange de deux couleurs quelconques.

On se sert de ce tableau comme d'une table de Pythagore. Exemples :

Le *rouge* et le *vert-bleu* donnent du *blanc*.

L'*orangé* et le *vert* donnent du *jaune*, etc.

Il est nécessaire de faire observer que les résultats inscrits dans ce tableau ne sont exacts qu'à la condition d'employer les couleurs pures (données par le spectre). Avec les couleurs matérielles, il faut s'attendre à quelques mécomptes.

Ce que M. Helmholtz appelle *bleu cyanique*, c'est le *bleu pur* (teinte du bleu de Prusse clair). Quant au bleu indigo du même savant, il correspond à peu près à l'outremer plutôt qu'au véritable indigo.

MÉLANGE DES COULEURS (HELMHOLTZ).

	Violet	Bleu indigo	Bleu cyanique	Vert bleu	Vert	Jaune vert	Jaune
Rouge	Pourpre	Rose foncé	Rose blanchâtre	Blanc	Jaune blanchâtre	Jaune d'or	Orangé
Orangé	Rose foncé	Rose blanchâtre	Blanc	Jaune blanchâtre	Jaune	Jaune	
Jaune	Rose blanchâtre	Blanc	Vert blanchâtre	Vert blanchâtre	Jaune vert		
Jaune vert	Blanc	Vert blanchâtre	Vert blanchâtre	Vert			
Vert	Bleu blanchâtre	Bleu d'eau	Vert bleu				
Vert bleu	Bleu d'eau	Bleu d'eau					
Bleu cyanique	Bleu d'indigo						

XI

On peut réduire toutes les couleurs aux trois suivantes :

Rouge, jaune, bleu; ce sont les trois couleurs primitives dont le mélange peut donner toutes les autres comme l'indique la planche IV.

Le rouge et le jaune produisent l'orangé et toutes les nuances intermédiaires (rouge orangé, jaune orangé, etc.)

Le jaune et le bleu donnent toutes les variétés de vert, depuis le jaune vert jusqu'au bleu vert (couleur *paon*).

Avec le rouge et le bleu on obtient tous les violets (du *cramoisi* jusqu'à l'*amarante*).

On peut d'ailleurs multiplier à l'infini les mélanges de couleurs.

La planche IV représente les effets très simples produits par la superposition deux à deux de trois couleurs, *rouge rose, jaune* et *bleu.*

Le noir pourrait être formé par un mélange des trois couleurs primitives dans lequel dominerait le bleu.

Avec d'autres proportions, on aurait un gris presque blanc : mais cela ne présenterait pas grand intérêt, car les couleurs blanches sont fort communes.

On peut d'ailleurs employer d'autres *couleurs primitives*, par exemple le *rouge*, le *vert* et le *violet*.

En effet le vert et le rouge (*en proportions convenables*) donnent le jaune ; avec le vert et le violet, on obtient du bleu, etc. Toutefois il est nécessaire de n'employer que des couleurs primitives très bien choisies et de composer habilement les mélanges.

Un coloriste fort exercé pourrait donc créer un chef-d'œuvre avec trois couleurs, plus du noir et du blanc.

Pourquoi les artistes demandent-ils un si grand nombre de couleurs, dont la plupart ont le défaut de s'altérer assez promptement?

C'est d'abord parce qu'ils n'aiment pas à faire des mélanges et qu'ils gagnent du temps en employant des nuances toutes faites.

De plus, il y a des couleurs excellentes pour les *empâtements*, mais dépourvues de transparence ; il est donc nécessaire d'avoir des couleurs transparentes (laques de garance, jaune indien, etc.) qui puissent servir à faire des *glacis*.

Superposition deux par deux des couleurs simples: jaune, bleu et rose,
donnant le violet, le vert et l'orangé.

Il est donc utile d'avoir sur sa palette une douzaine de couleurs, rigoureusement choisies parmi les moins altérables.

Mais certains artistes aiment à surcharger leur palette d'une foule de nuances de fantaisie, souvent d'une solidité douteuse. Les peintres les moins *coloristes* s'obstinent quelquefois à la poursuite de couleurs nouvelles, qu'ils seraient incapables de composer par les mélanges de couleurs simples. L'un d'eux, qui avait la spécialité des *paysages historiques*, demandait constamment aux marchands de couleurs des *verts-bleus transparents*, des *bruns très chauds de ton*, des *jaunes dorés*, etc.; et avec les plus riches nuances il trouvait toujours moyen de peindre de véritables *grisailles*.

XII

APPRÉCIATION DES COULEURS

Pour composer une œuvre d'art ou d'industrie dans laquelle entrent des couleurs, il faut travailler dans les conditions d'éclairement où elle doit être placée.

Un tableau doit être fait au grand jour : la lumière de l'aurore ou du soleil couchant est toujours plus ou moins rouge ou orangée; le voisinage d'un rideau de couleur vive suffit pour modifier la lumière qui pénètre dans l'atelier.

Un décor de théâtre doit être peint à la lumière du gaz, au moins pour les dernières couches, ou même à la lumière électrique quand il doit être éclairé de cette façon.

C'est ainsi que procèdent les femmes, qui choisissent toujours à la lumière des bougies les étoffes pour soirées.

Des couleurs très éclatantes en plein jour, le bleu d'outremer, le bleu de cobalt, paraissent absolument ternes, presque noires, à la lueur des bougies, qui éclairent tout en jaune. Il n'y a que certains bleus spéciaux qui ne perdent rien de leur vivacité quand on les soumet à cette épreuve ; c'est ce qu'on nomme les *bleus de lumière* : tels sont les bleus de cuivre.

Il en est de même pour les violets ordinaires, qui semblent toujours gris à la lumière du gaz ou des bougies : jusqu'à présent, on ne connaît pas de véritable *violet de lumière*.

XIII

Soit une nuance quelconque formée par le mélange de plusieurs couleurs du spectre (voisines ou
séparées par d'autres, peu importe).

Si l'on mélange les couleurs restantes, on aura
une nouvelle nuance qui sera dite *complémentaire*
de la première.

Reprenons les sept couleurs du spectre :

Violet, indigo, bleu, vert, jaune, orangé, rouge.

Mélangeons les quatre premières couleurs, nous
aurons une sorte de bleu foncé, dans le genre du
bleu marine ou du *bleu gendarme.*

Les trois dernières couleurs donnent de l'orangé,
car le jaune produit avec le rouge une espèce
d'orangé qui vient s'ajouter à celui du spectre.

Le bleu marine est donc complémentaire de
l'orangé.

Prenons ensemble l'*indigo*, le *bleu*, le *vert* et le
jaune, nous avons un *vert émeraude*, tirant un
peu sur le bleu, si nous avons mêlé ces couleurs

dans les proportions représentées par le spectre.

Avec les couleurs restantes, *violet, orangé, rouge*, on fait une espèce de *rouge carmin* très vif.

Le vert émeraude est donc complémentaire du rouge carmin.

Si l'on mélange deux couleurs exactement complémentaires on doit reproduire du blanc, quand on opère avec les couleurs du spectre.

Il est nécessaire de remarquer qu'on n'obtient pas du tout les mêmes résultats quand on superpose les lumières émises par deux régions du spectre ou quand on mélange les deux couleurs correspondantes sur une palette.

Ainsi, la lumière jaune et la lumière bleue donnent du blanc; mais le jaune et le bleu mêlés sur une palette produisent du vert.

Soit un disque mi-parti de jaune et de bleu; si on le fait tourner vivement, il paraîtra blanc un peu grisâtre, tandis que le même jaune et le même bleu mélangés donneront du vert.

Soit encore un verre jaune et un verre bleu traversés par deux faisceaux de lumière blanche; si l'on fait coïncider les deux faisceaux colorés en jaune et en bleu, on produira une tache blanche sur un écran.

Avec un verre rouge vif et un verre coloré en vert émeraude, on aura des résultats semblables.

Mais si, au lieu d'observer deux couleurs complémentaires *par réflexion*, on les superpose *par*

transparence, on obtient un résultat aussi différent que possible du précédent ; tout à l'heure on
avait du blanc, maintenant ce sera du noir.

Soit une vitre colorée du plus beau rouge vif
(rouge des anciens vitraux) ; ce verre arrête tous
les rayons, excepté le rouge.

Appliquons cette vitre sur un autre verre coloré
en vert émeraude et recevons la lumière blanche à
travers ces deux épaisseurs de verre.

Le rayon rouge, qui seul a traversé le verre rouge,
est arrêté par le verre coloré en vert, par la raison
que celui-ci arrête tous les rayons, excepté le vert.

L'ensemble des deux verres doit donc arrêter
toute la lumière blanche ; il paraîtra noir ou *gris
foncé (enfumé)*, surtout si les deux verres ont une
certaine épaisseur.

On a fait une curieuse application de cette propriété.

A la suite d'un accident d'usine, un ouvrier prétendait avoir complètement perdu la vue du côté
droit. Aucune lésion n'était visible : mais l'ouvrier
assurait que *les nerfs étaient paralysés* et qu'il ne
pouvait rien distinguer de ce côté.

Un médecin, appelé en consultation sur ce cas
difficile, fit écrire une phrase avec un crayon
vert sur un tableau bien noir. Puis il fit mettre à
l'ouvrier une paire de lunettes portant un verre
rouge du côté gauche et un verre incolore du côté
droit.

Il l'amena devant le tableau :

« Pouvez-vous lire cette écriture?

— Certainement, dit l'ouvrier, qui lut aussitôt la phrase correctement.

— Avec quel œil avez-vous lu?

— Avec l'œil gauche, puisque le droit est paralysé.

— Eh bien! je suis certain que vous avez lu avec le droit, car il est impossible de lire du vert sur du noir avec des lunettes rouges. Voici une paire de lunettes à deux verres rouges; essayez de lire ce qu'on écrira en vert sur le tableau, vous n'en viendrez pas à bout. »

Dans ce cas en effet les caractères tracés en vert envoient de la lumière verte qui est arrêtée par le verre rouge; par conséquent, c'est exactement comme si l'on essayait de distinguer du noir sur du noir.

Chacun a pu remarquer les curieux effets qu'on observe quand on regarde un paysage avec des verres de couleurs vives et variées. Avec un verre rouge, par exemple, tout ce qui est rouge vif gardera sa couleur, le blanc paraîtra rouge très clair; tout ce qui est verdure sera gris foncé, presque noir, et il en sera de même du ciel et de tous les objets dans la coloration desquels il n'entre pas de rouge.

Quand un objet vu *par réflexion* présente une certaine couleur, on peut être assuré que s'il devient assez mince pour être vu *par transparence*, il sera coloré de la nuance complémentaire, vu à la manière ordinaire.

Ainsi l'or est d'un jaune orangé tirant un peu sur le rouge, mais les feuilles d'or qu'on emploie pour la dorure paraissent d'un vert bleuâtre par transparence. Ces feuilles sont réduites par le battage à un millième de millimètre d'épaisseur; dans ces conditions, les corps les plus opaques peuvent livrer passage à la lumière.

Du reste, l'or fondu paraît vert; c'est un fait bien connu des orfèvres.

XIV

CONTRASTE DES COULEURS.

De tout temps on a fait des observations sur le contraste des couleurs ; on a su assortir les nuances *qui se font valoir mutuellement*, et d'habiles artistes ont créé des œuvres colorées qui sont parvenues jusqu'à nous et dont l'harmonie charme encore nos yeux. Telles sont les magnifiques verrières du treizième siècle ; tels sont encore les plus anciens cachemires de l'Inde, les porcelaines de Chine ; telles sont enfin les belles décorations polychromes des monuments égyptiens, assyriens, arabes, etc.

Mais tous ces admirables produits ont été créés d'instinct ; aucunes lois ne servaient à guider les ouvriers artistes qui procédaient à peu près comme les femmes quand elles cherchent pour leurs toilettes les plus heureuses combinaisons de nuances.

Le célèbre naturaliste Buffon (né en 1707, mort en 1788) s'est occupé le premier d'étudier scientifiquement le contraste des couleurs, et il l'a regardé comme un fait exceptionnel, tandis que c'est un phénomène absolument général et soumis à des lois fixes.

La science en était restée *aux couleurs acciden-telles* de Buffon, quand notre vénéré maître, l'illustre Chevreul, a repris l'étude des contrastes d'une manière tout à fait scientifique.

Les travaux de Chevreul sur les couleurs, publiés de 1825 à 1884, représentent une œuvre immense qui brille par la justesse des observations aussi bien que par la méthode rigoureuse et l'esprit d'invention qui lui a suggéré les plus ingénieuses expériences et les plus utiles applications.

C'est l'illustre doyen des savants du monde entier (enlevé à la science le 9 avril 1889) qui a découvert les *lois du contraste des couleurs* : lois qui ont remplacé les idées plus ou moins vagues dont l'ensemble constituait, pour chaque artiste, la *pratique de l'emploi des couleurs*.

Il est nécessaire de distinguer plusieurs espèces de contrastes.

1° CONTRASTE SUCCESSIF.

Plaçons sur un papier blanc un petit disque de flanelle ou de papier rouge vif et regardons fixement cet objet, en *écarquillant les yeux*, jusqu'au point de fatiguer la vue.

On enlève alors brusquement le disque rouge en continuant de fixer les yeux sur la place qu'il occupait.

On voit apparaître aussitôt un disque vert émeraude, *couleur complémentaire du rouge*, comme nous l'avons dit plus haut.

C'est ce que Buffon appelait *une couleur acciden- telle*.

En 1754, le P. Scherffer, de Vienne, donna l'explication de ce phénomène curieux, absolument régulier, car on l'observe pour toutes les vues.

La partie sensible de l'œil, c'est la *rétine* (c'est-à-dire l'épanouissement du *nerf optique* qui vient aboutir au fond de l'œil).

Quand on a regardé le rouge pendant un certain temps, la rétine se fatigue au point de ne plus être impressionnée facilement par le rouge.

Aussitôt qu'on enlève le disque rouge, la partie blanche correspondante envoie des rayons de toute couleur, parmi lesquels des rayons rouges qui n'agissent plus sur la rétine, tandis que les autres rayons continuent à influencer la rétine comme d'ordinaire et donnent la sensation de la couleur complémentaire du rouge, c'est-à-dire du vert.

On peut multiplier ces expériences indéfiniment; à un disque vert succèdera une image rouge;

à un disque orangé, une image bleu foncé, etc.

Ceci permet d'expliquer des faits bien connus.

Quand le soleil est près de l'horizon, il paraît orangé et même orangé-rouge : ce qui tient surtout à la présence de la vapeur d'eau dans l'air. Ainsi quand on observe une file de becs de gaz à travers le brouillard, les becs les plus éloignés semblent tout à fait rougeâtres.

Si on regarde le soleil pendant un instant et qu'on reporte les yeux sur un objet blanc, on aperçoit immédiatement une image de la grandeur apparente du soleil, qui paraît teintée de bleu violet ou même de vert, si le soleil est presque rouge.

Répétons l'expérience fondamentale avec un disque noir placé sur un papier grisâtre; au moment où l'on vient d'enlever le disque noir, on distingue à la place une tache blanche de même dimension.

Inversement, à un disque blanc succéderait l'apparition d'une tache noire.

On peut faire à ce sujet une expérience curieuse.

Découpons sur du papier blanc un peu fort toutes les ombres et parties noires d'un portrait. Regardons bien fixement cette découpure sur un fond grisâtre jusqu'à ce que l'œil soit fatigué. Aussitôt qu'on l'enlève, on voit apparaître le portrait avec ses ombres naturelles.

C'est ainsi qu'on offrait pour quelques sous *l'ombre* de Victor Hugo, de Gambetta, etc., au moment des funérailles.

Qui ne connaît la célèbre partie de dés, dite des *trois Henri?*

Peu de jours avant la Saint-Barthélemy (24 août 1572), Henri de Valois, Henri de Navarre et Henri de Guise jouaient aux dés près d'une fenêtre du Louvre, vivement éclairée par le soleil couchant.

Tout à coup, les joueurs s'interrompent et s'écrient *qu'ils voient des taches de sang sur les dés!*

Si l'anecdote n'a pas été fabriquée après coup, le phénomène peut s'expliquer très facilement.

Très attentif aux *points noirs*, le joueur se fatigue et voit des *points blancs* sur le fond blanc jaunâtre du dé. Mais le soleil couchant éclaire les objets en rouge orangé : par conséquent ces points devaient paraître rougeâtres et figurer assez bien des taches de sang (avec l'aide de l'imagination).

Il n'en fallait pas davantage, étant donnée la surexcitation des esprits, pour constituer un *présage* effrayant.

Comme nous l'avons dit, le noir n'est pas une couleur, ce n'est que la sensation résultant de l'absence de toute couleur.

D'un autre côté, la sensation du blanc n'est autre chose que l'ensemble des sensations données par toutes les couleurs réunies.

Cependant nous croyons que le noir et le blanc se comportent comme deux couleurs complémentaires, et cela doit être, d'après l'explication du P. Scherffer.

En effet, la rétine, fatiguée par la vue du blanc, éprouve la même fatigue pour chaque rayon lumineux; par conséquent, elle doit voir du noir à la place même où était l'objet blanc, car cet objet est remplacé par un ton gris-clair qui envoie un peu de lumière blanche formée de toutes sortes de rayons.

La fatigue causée par la vue du blanc peut même déterminer une paralysie définitive de la rétine : c'est ce qui arrive souvent dans les déserts de sable ou dans les régions glacées du Nord.

Au point de vue pratique, le noir et le blanc sont donc regardés comme deux couleurs véritables, complémentaires l'une de l'autre.

Le *gris* n'est autre chose que du noir mêlé de blanc. Le *ton* du gris varie depuis le blanc pur jusqu'au noir foncé. La planche VII représente une gamme de six tons dégradés depuis le noir jusqu'au blanc pur : la figure est placée sur un fond gris très clair.

En général le *ton* d'une couleur est d'autant plus clair qu'on y ajoute plus de blanc.

Si l'on mélange du noir avec une autre couleur, simple ou composée, on obtient ce que l'on appelle une *couleur rabattue*. La planche V représente des couleurs rabattues, séparées par des intervalles blancs. Dans la planche VI les mêmes couleurs sont juxtaposées.

Tous les bruns sont des couleurs rabattues.

Couleurs rabattues.

Pl.VI.

Couleurs rabattues juxtaposées.

Gamme du noir au blanc passant par les gris.

Il en est de même des gris diversement teintés, tels que *gris de lin, gris de fer, gris tourterelle,* etc.

Il n'est pas possible de réaliser un noir *absolument pur,* c'est-à-dire qui absorbe complètement tous les rayons lumineux, mais on peut s'en approcher beaucoup.

Sur le plus beau drap noir, le spectre solaire est toujours faiblement visible, c'est-à-dire que certains rayons lumineux sont encore réfléchis en petite quantité.

Le jaune et l'orangé mêlés d'un peu de noir donnent du *vert olive,* du *vert myrte,* etc., comme si le noir matériel était mêlé de bleu.

Les plus beaux noirs usités en teinture présentent le plus souvent une teinte bleue, verte ou violette, quelquefois même jaunâtre (*noir de suie*). C'est du reste à dessein qu'on *nuance* les noirs afin de satisfaire les goûts les plus variés.

Chevreul a réalisé le *noir absolu* de la manière suivante.

Sur un carton blanc ou teinté de n'importe quelle couleur on enlève un disque d'environ deux centimètres de diamètre. A cette ouverture circulaire on adapte, derrière le carton, un cône de papier fort soigneusement noirci à l'intérieur.

A une faible distance, cette ouverture, qui représente la base du cône noirci, produit l'effet d'un disque du plus beau noir velouté, bien supérieur au noir d'un disque de drap de même dimension fixé sur le carton, à côté de l'ouverture du cône. Le plus beau noir d'ivoire employé à l'huile, la plus belle encre de Chine ne supportent pas mieux la comparaison.

Dans un tableau il est impossible de représenter exactement l'ouverture d'un cachot complètement obscur.

Pour appliquer la photographie instantanée à l'étude du vol des oiseaux, un savant éminent, M. Marey, a employé avec le plus grand succès le noir absolu de Chevreul.

Voici une expérience curieuse qui montre bien que la sensation du noir résulte de l'absence de lumière.

Perçons une carte d'un petit trou d'épingle et regardons à travers ce trou un objet bien éclairé, comme le ciel ou la flamme d'une bougie. Les rayons lumineux envoyés par cet objet passent forcément par le trou; ils forment un cône qui traverse l'œil et nous donnent l'image des bords du trou.

Plaçons la tête d'une épingle tout contre l'œil, de manière à toucher les cils, et bien en face du trou; aussitôt nous apercevons une image noire et renversée de la tête de l'épingle, laquelle image nous paraît être dans le plan de la carte.

Voici l'explication de ce phénomène singulier (que nous avons donnée en 1854, à la Société philomathique).

Le cône de lumière partant du trou vient tomber sur la tête d'épingle; il se forme donc un cône d'ombre derrière cet objet opaque. Le cône d'ombre traverse l'œil sans subir aucune déviation et vient former sur la rétine une *ombre portée*, qui est droite comme l'objet lui-même.

Cette ombre *droite* produit sur l'œil l'effet d'une image noire, qui lui paraîtra *renversée*, puisque les images des objets ordinaires (qui sont *renversées*) semblent au contraire *droites*, d'après le jugement de l'œil.

Quant à la position de l'image, nous ne pouvons l'apprécier, car il faudrait la voir où elle se forme, c'est-à-dire *au fond de l'œil*, ce qui nous est impossible. Nous croyons donc que cette image noire vient de la même source qui nous envoie des rayons lumineux, c'est-à-dire du trou percé dans la carte.

Si un point de la rétine est insensible, tout rayon de lumière qui vient tomber en ce point deviendra invisible, autrement dit, donnera la sensation du noir.

La rétine est en effet *aveugle* en un certain point (qu'on a nommé *punctum cæcum, point aveugle*). On peut le mettre en évidence par l'expérience suivante :

Sur un carton noir (fig. 17) marquons une croix blanche sur laquelle nous maintiendrons l'œil gauche *constamment fixé*, tandis que le droit restera fermé.

Tout en fixant la croix blanche sur le carton tenu verticalement, nous voyons avec l'œil gauche le petit cercle blanc tracé à quelque distance de la croix. Mais il faut le voir *sans le fixer*, sans diriger l'œil de ce côté.

Si alors nous éloignons peu à peu le carton, jusqu'à 30 centimètres environ, il arrive un moment où le cercle blanc disparaît, toujours à la condition de ne pas cesser de fixer la croix. A cet instant précis le petit faisceau de lumière envoyé par le cercle blanc vient tomber sur le point aveugle.

Ce point n'est autre chose que l'endroit même où le nerf optique pénètre dans l'œil et se ramifie de manière à former la rétine. C'est tout à fait par exception que cette partie est insensible à la lumière; toute lésion, toute irritation maladive du nerf optique donne une sensation lumineuse.

Quand il devient nécessaire d'enlever le globe de l'œil, le patient éprouve la sensation d'une vive lumière au moment de la section du nerf optique; à moins que ce nerf ne soit complètement paralysé, ce qui arrive quelquefois.

Un choc un peu violent qu'on reçoit sur le globe de l'œil se transmet jusqu'à la rétine et fait voir (suivant l'expression populaire) *trente-six chandelles en plein jour.*

C'est encore à des impressions maladives de la rétine qu'il faut attribuer les *images accidentelles,* quelquefois très fatigantes, qu'on perçoit les yeux fermés. Ces images paraissent le plus souvent d'un violet-rose très clair bordées de franges jaune vif; elles sont ovales, annulaires; la partie centrale obscure correspond au *punctum cœcum*. Elles présentent aussi l'aspect de dentelures brillantes dont la forme rappelle certaines ramifications de la rétine.

Les couleurs complémentaires avaient été dési-

Fig. 17. — Expérience permettant de constater l'existence du *point aveugle* de la rétine.

gnées par le P. Scherffer sous le nom de *couleurs renversées;* il les avait définies très exacte-ment : *deux couleurs dont le mélange donne du blanc*.

Pour bien mettre en évidence les effets du contraste successif, il avait fait un travail fort curieux, qui mérite d'être cité et même d'être reproduit.

Il avait fort soigneusement peint une figure de Vierge avec les couleurs complémentaires des cou-leurs traditionnelles.

Les cheveux étaient vert d'eau, le teint gris ver-

dâtre, les lèvres vert bleu, le blanc des yeux noi-
râtre, la prunelle jaune et le trou de la pupille
blanc.

Les costumes étaient à l'avenant : voile noir,
manteau jaune, tunique verte.

On regardait cette peinture jusqu'à fatiguer les
yeux, puis on la remplaçait par une toile blanche.
On voyait alors apparaître une figure avec les cheveux blonds, le teint blanc rosé, les lèvres rouges
et les yeux bleus.

Le costume se composait d'un voile blanc, d'un
manteau bleu et d'une tunique rouge.

2° CONTRASTE SIMULTANÉ.

C'est Chevreul qui a fait l'étude complète du
contraste simultané des couleurs, à partir de 1825.

Il faut distinguer d'abord le *contraste de ton*.
Nous rappellerons ici que le ton d'une couleur s'affai-
blit de plus en plus à mesure qu'on lui ajoute du
blanc.

*Deux couleurs de même nuance, mais de ton
différent, paraissent encore plus différentes quand
elles sont juxtaposées.*

Autrement dit, les différences s'exagèrent par
suite du contraste de ton.

Sur une feuille de papier gris clair on colle deux
bandes de papier blanc B et B' et deux bandes de

Contraste de ton : noir et blanc sur fond gris clair.

papier noir N et N', comme l'indique la planche VIII.

Si l'on examine avec soin les deux bandes juxta-posées on reconnaît que le blanc paraît plus vif à côté du noir; et que, réciproquement, le noir sem-ble plus foncé à côté du blanc.

C'est surtout dans les deux parties en contact que le contraste de ton est plus saisissant; il sem-

Fig. 18. — Irradiation. — Deux cercles égaux.

ble que le blanc soit *rehaussé* d'un filet de blanc plus vif et le noir *renforcé* d'un liséré noir plus intense.

Mais, si nous découpons dans un carton un morceau égal à l'une des bandes, en appliquant ce carton sur la figure de manière à isoler chacune des bandes, nous reconnaîtrons l'illusion.

Le contraste de ton produit un autre effet, l'*irra-diation*.

Tout objet de couleur claire (et, à plus forte

raison, tout objet vivement éclairé) paraît toujours plus grand que nature quand il est vu sur un fond relativement sombre.

Soient deux cercles, exactement de même diamètre, l'un blanc sur fond noir, l'autre noir sur fond blanc : le premier paraît sensiblement plus grand que le second (fig. 18).

C'est pourquoi les femmes ont observé, depuis

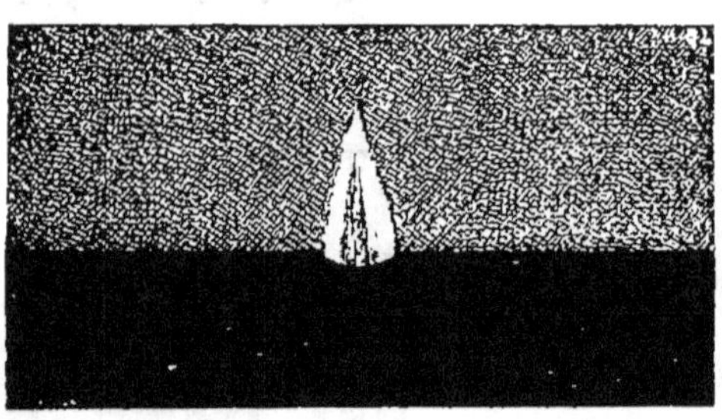

Fig. 19. — Irradiation. — Échancrure apparente de l'arête d'une règle noire mise en face de la flamme d'une bougie.

un temps immémorial, que le noir *amincit*, tandis que le blanc *grossit*. Un pied chaussé d'une bottine noire paraît beaucoup plus petit que l'autre pied chaussé d'une bottine blanche, etc.

Dans le ciel, les effets d'irradiation sont extrêmement développés.

La partie éclairée de la lune paraît toujours appartenir à un cercle plus grand que celui qui limite la partie faiblement éclairée par la lumière que renvoie la terre et qu'on nomme *lumière cendrée*. C'est ce qu'indique la figure 21.

Les étoiles ne sont que de simples points lumineux; mais, à cause de l'irradiation, elles paraissent être de petits disques brillants. Quand on les regarde à l'aide d'une forte lunette, l'illusion disparaît, car l'éclairement diminue au point que

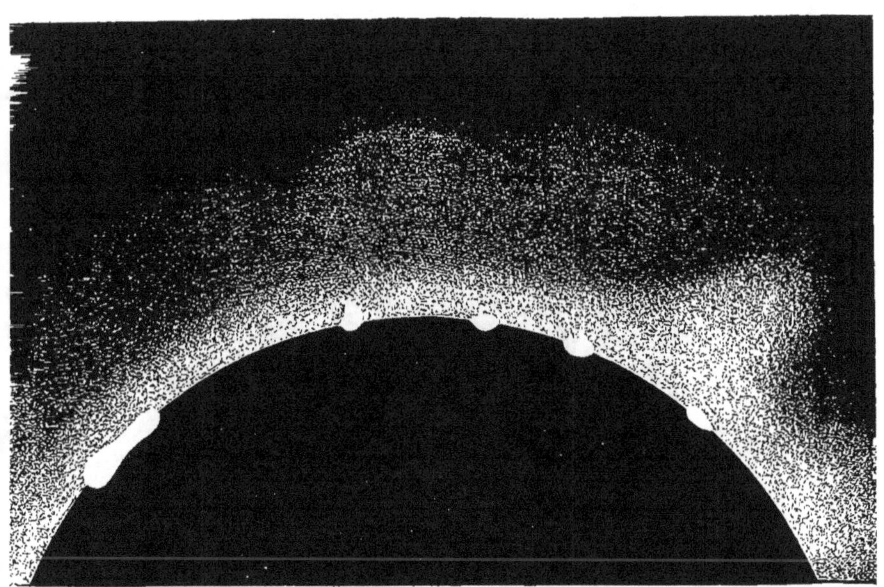

Fig. 20. — Irradiation. — Les protubérances solaires
pendant une éclipse totale de soleil.

l'irradiation n'existe plus : sur le fond noir du ciel, l'étoile se réduit à un point lumineux, un véritable point géométrique, qu'on peut cacher par un fil beaucoup plus fin qu'un fil d'araignée.

Il ne faut pas confondre *étoiles* et *planètes*. Quand on observe à la lunette une des planètes principales, Vénus, par exemple, on lui reconnaît des *phases* comme celles de la lune.

Voici un exemple très remarquable du contraste de ton, emprunté à l'art du lavis.

Soit une longue bande rectangulaire partagée en dix parties égales.

Couvrons d'une même teinte la bande totale, puis les neuf dixièmes, les huit dixièmes, etc. jusqu'au dernier dixième qui recevra par conséquent dix

Fig. 21. — Irradiation du croissant de la lune.
Lumière cendrée.

couches superposées et paraîtra noir, tandis que le premier dixième qui n'a reçu qu'une seule couche sera simplement gris clair.

Les dix bandes devraient offrir à l'œil dix teintes plates *uniformes* graduées du gris clair au noir.

Mais il n'en est rien : chaque bande paraît plus claire du côté de la bande voisine plus foncée; et, inversement plus foncée du côté de la bande plus claire.

L'impression qui en résulte est donc celle d'une

Juxtaposition des noirs et des gris.—Teintes plates de la planche XI
donnant l'apparence de cannelures

série de *cannelures*, comme celles qui recouvrent les fûts de certaines colonnes.

Quand on veut représenter en lavis une série de *teintes plates* juxtaposées, l'artiste est obligé de *tricher*; il renforce d'instinct les parties voisines du côté sombre, tandis qu'il éclaircit les parties qui touchent le côté clair. Mais il est facile de reconnaître l'artifice; il suffit de couvrir par un carton

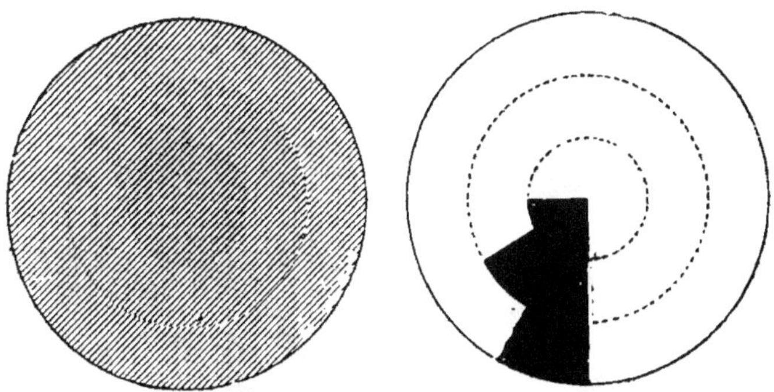

Fig. 22. — Trois tons de gris produits par la rotation d'un disque avec trois secteurs noirs.

découpé toutes les bandes à l'exception d'une seule; au lieu d'offrir à l'œil une teinte plate, celle-ci représente un *fondu* que l'artiste a exécuté sans en avoir conscience.

C'est ce qu'indique d'une façon très nette la comparaison des planches VII et IX : les tons de gris, noir et blanc sont exactement les mêmes pour les deux planches; mais dans la première ils sont *séparés*, tandis que dans la seconde ils sont *juxtaposés*.

On peut montrer le *contraste des gris* au moyen

d'un disque tournant comprenant des parties noires et des parties blanches comme l'indique la fig. 19.

L'effet produit par la rotation du disque sera celui de trois zones grises distinctes dont chacune devrait paraître uniforme, mais qui sembleront ombrées. Si l'on faisait tourner un disque portant un secteur noir, on n'aurait qu'un gris parfaitement uni (fig. 20).

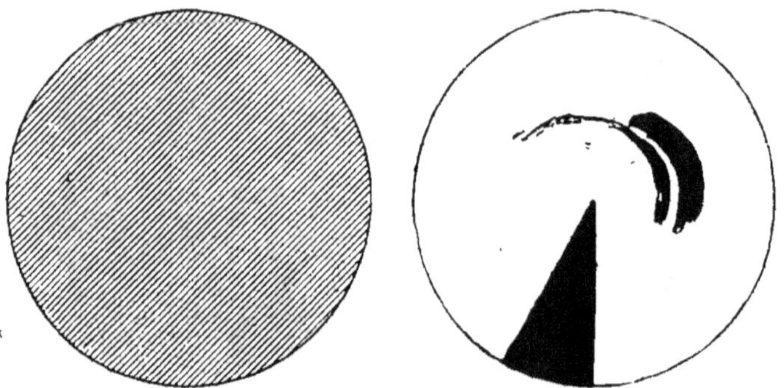

Fig. 23. — Gris uniforme produit par la rotation d'un disque avec un seul secteur noir.

Les disques tournants permettent d'ailleurs de faire des mélanges très variés de noir, de blanc et de couleurs quelconques; les proportions varient suivant les dimensions des secteurs; on peut les évaluer au moyen d'une graduation en 360 degrés que porte la circonférence du disque.

Le *contraste de couleur* s'observe entre deux nuances différentes, même quand elles auraient des tons de même valeur (ce qu'il est assez difficile de réaliser).

Pl.X.

Contraste de l'orangé et du bleu violet.

Voici la loi fondamentale de cette espèce de contraste :

Chaque couleur tend à donner la couleur complémentaire à la couleur voisine.

Plaçons un objet rouge sur un fond blanc ; après avoir regardé fixement pendant quelque temps, nous voyons une auréole verte se former autour de l'objet.

Donc tout objet rouge vivement éclairé projette autour de lui du vert.

Deux couleurs complémentaires s'exaltent mutuellement par leur voisinage : *elles se font valoir l'une l'autre.*

Voici une liste des principales couleurs et des nuances complémentaires :

Vert-émeraude	Rouge-carmin.
Jaune-vert	Violet-rouge.
Jaune	Violet.
Orangé-jaune	Bleu-violet.
Orangé.	Bleu.
Rouge-orangé	Vert-bleu.

En présence du rouge, le vert paraîtra plus éclatant et le rouge prendra aussi plus de vivacité. De même l'orangé semblera plus vif en présence du bleu, qui sera lui-même *rehaussé.*

Pour le prouver, il suffit de disposer deux bandes de papier orangé et deux bandes de papier bleu violet comme dans la planche X. Près de la ligne de contact l'orangé paraît *avivé* et il en est de même du bleu-violet.

8

On répéterait le même essai avec du jaune et du bleu (pl. XI), du vert et du rose (pl. XII), etc.

Voici une expérience curieuse due à Chevreul et bien connue des fabricants de papiers peints.

On prépare un gris clair très pur avec du blanc et du noir aussi francs que possible.

On imprime avec cette couleur une rosace sur des fonds blanc, noir, vert, jaune, bleu, rouge et violet.

Sur chacun de ces fonds la rosace semblera d'un gris différent; sur le blanc elle paraitra plus foncée et sur le noir, plus claire, à cause du contraste de ton; et sur chacun des autres fonds, elle prendra la couleur complémentaire; le même gris semblera donc successivement nuancé de rouge, violet, orangé, vert et jaune. Mais, si l'on couvre le fond à l'aide d'un carton découpé qui ne laisse voir que la rosace, elle apparaitra toujours avec sa couleur naturelle.

C'est ce que montrent les planches XIII, XIV, XV. La même rosace gris clair paraît *jaunâtre* sur le fond bleu-violet, *bleuâtre* sur le fond orangé, *verdâtre* sur le fond rose.

Par suite de l'*irradiation*, on remarque en même temps que la même rosace paraît plus *amaigrie* sur un fond blanc et plus *massive* sur un fond noir.

On comprend toute l'importance du contraste des couleurs, non seulement dans la peinture d'art,

Contraste du jaune et du bleu.

Contraste du vert et du rose

Vitrail du treizième siècle sur fond bleu-violet

Gris employé pour l'impression de ce dessin

Vitrail du treizième siècle sur fond orangé

Gris employé pour l'impression de ce dessin

Vitrail du treizième siècle sur fond rose

Gris employé pour l'impression de ce dessin

mais dans toutes les industries qui mettent en
œuvre des couleurs (papiers peints, tissage des
étoffes de couleur, impression des tissus, etc.).

Les plus humbles commerçants suivent d'instinct
des traditions toutes spéciales pour faire valoir la
couleur des marchandises.

C'est ainsi que les marchands d'oranges ont soin
de les placer sur des toiles ou des papiers bleu violet. Mais ils se garderaient bien de les mettre sur
du papier rouge vif : les oranges prendraient du
vert et seraient fort dépréciées. Au contraire, ils
ont avantage à éclairer leur marchandise avec des
bougies entourées de papier rouge; dans ces conditions, les citrons eux-mêmes paraissent de couleur orangée.

Le noir résultant de la superposition de plusieurs
couleurs peut paraître rehaussé par le contraste.

C'est pourquoi les marchands de dentelles présentent les dentelles noires sur du papier jaune;
par contraste, du violet s'ajoute au noir et le fait
paraître plus *profond*; mais, sur un papier vert
ou bleu, l'effet serait déplorable; le noir prendrait
du rouge ou du jaune et semblerait fort affaibli.

Si l'on imprime avec la même encre typographique des papiers jaune, bleu, vert, rouge, etc.,
comme ceux qu'on emploie pour la couverture des
livres ou pour les affiches, c'est toujours sur fond
jaune que l'impression paraîtra la plus belle, et
c'est sur le bleu violeté que l'effet sera le plus

médiocre : à tel point qu'on supposerait volontiers qu'il ne s'agit pas de la même encre.

Les effets de contraste obligent quelquefois à modifier complètement certaines couleurs afin qu'elles produisent l'effet voulu, une fois mises en place.

Une tapisserie des Gobelins représentait un cerf aux abois sur les bords d'un étang. Les chasseurs, habillés d'écarlate, se profilaient sur l'eau. Après avoir terminé les personnages, l'artiste prit de la laine *vert d'eau* pour représenter l'étang. Mais, en présence des habits rouges, cette laine changeait complètement de ton; pour arriver à la nuance vert d'eau, il fallut prendre de la laine *de couleur blonde*; celle-ci reprenait sa teinte véritable, aussitôt que les parties rouges étaient cachées par du papier découpé.

Pour produire des effets agréables à l'œil, il faut bien se garder de croire qu'il suffirait d'assortir des teintes complémentaires. On obtiendrait souvent des effets trop durs, trop *violents*, dont l'œil s'offenserait avec raison; par exemple, un papier rouge imprimé de feuillages verts produirait, comme tenture, l'effet le plus choquant. Cependant le vert et le rouge seraient aussi éclatants que possible, trop éclatants même, au point de paraître insupportables à l'œil. Mais un feuillage vert, imprimé sur un fond gris rosé, produira au contraire un effet très harmonieux.

Le contraste simultané s'observe souvent mieux

entre des tons un peu rabattus, un peu *voilés,* qu'entre des couleurs éclatantes. En voici un exemple remarquable.

Soit un papier gris clair posé sur un fond d'un vert très vif. Si l'on couvre le tout d'un papier *pelure,* demi-transparent, aussitôt le papier gris semble rose ; l'œil n'étant plus ébloui par l'éclat du vert apprécie mieux et plus promptement l'effet de contraste.

Dans la nature, la plupart des couleurs résultent de mélanges extrêmement variés ; de plus, ces couleurs sont éclaircies par du blanc ou *rabattues* par du noir ; ce qui n'empêche pas que les effets de contraste ne soient très multipliés et généralement harmonieux.

Tous les assortiments de couleur que nous trouvons dans la nature sont-ils également satisfaisants pour l'œil ? Faut-il dire comme Jean-Jacques Rousseau : *Tout est bien sortant des mains de l'auteur des choses ?*

Il est absolument prouvé que certains effets de couleurs naturelles sont *durs* à l'œil ; par exemple. le plumage vert et rouge de certains *aras* (perroquets du Brésil) ; même quand ces oiseaux sont entourés de la splendide végétation de leur pays, ils ne produisent pas sur l'œil une impression tout à fait satisfaisante.

Mais il serait difficile de multiplier les exemples. Les couleurs naturelles sont presque toujours admirablement assorties : de plus, les effets les plus risqués, que nous n'admettons pas dans nos coloris, par exemple l'association du bleu ciel et du vert émeraude, du violet et du vert, etc., deviennent supportables et paraissent même heureux quand on les observe sur des objets naturels.

Pour expliquer ces faits, contradictoires en apparence, il est nécessaire de rappeler que les couleurs naturelles sont le plus souvent très complexes ; ainsi rien de moins défini que le vert des feuilles : *vert feuille nouvelle*, *vert pré*, *vert laurier*, *vert mousse*, etc. Souvent même le feuillage est plutôt bleuâtre, *vert glauque*. De plus, les feuilles et des fleurs présentent des *reflets* extrêmement variés ; la surface est tantôt lisse et brillante, tantôt recouverte d'une sorte de duvet ; toutes ces conditions modifient profondément les sensations lumineuses.

Il est d'ailleurs possible de *faire passer* deux couleurs dont l'association déplaît à l'œil en interposant du noir. C'est ce qu'on observe sur le plumage des oiseaux-mouches. Dans l'industrie, on use largement de cette ressource : au lieu de noir pur, on emploie souvent des bruns de nuances convenables, c'est-à-dire *des couleurs rabattues*. On peut remarquer l'importance du noir dans les tissus *écossais*, ainsi que dans les châles cachemires.

On dit communément *que le noir va bien avec toutes les couleurs* ; c'est assez juste, à la condition que le noir (qui n'est jamais pur) soit lui-même choisi d'une nuance convenable.

Ainsi le jaune clair ressort admirablement sur le noir un peu violeté; le rouge clair sur le noir un peu verdâtre, etc.

Comme le noir est chez nous la couleur du deuil, nous avons coutume de l'employer fort peu pour nos combinaisons de couleurs. Mais les Chinois, qui portent le deuil en blanc, usent largement du noir. Il en est de même pour les Japonais, qui commandent à nos manufactures de magnifiques indiennes fond noir, avec dessins jaune vif, créées par les artistes du pays.

Dans la nature, on remarque souvent de très heureux effets de ce genre : exemple la *salamandre terrestre*, tachetée de jaune vif sur fond noir, ou le *toucan*, si bien nuancé d'orangé vif rehaussé par un noir de velours.

A certaines époques, la mode réclame impérieusement des couleurs rabattues, des *nuances éteintes*, comme *vieux rose*, *vert réséda*, *vieil or*, *couleur chaudron*, etc.

Les industriels arrivent aisément à donner satisfaction aux goûts du jour.

Pour les papiers peints, on emploie des blancs mêlés d'ocres jaunes, rouges ou brunes, avec addition d'une très petite quantité de diverses couleurs vives.

Pour les teintures, on se sert toujours des

mêmes matières colorantes, souvent très vives, mais qu'on atténue à volonté par des mélanges.

Ainsi la soie prend un ton *vert réséda* tout à fait rabattu quand on la teint dans de l'eau contenant du jaune et du vert d'aniline, additionnés d'un peu de rouge.

3° CONTRASTE MIXTE. — OMBRES COLORÉES.

Nous avons constaté que la vue d'un objet coloré, prolongée jusqu'à la fatigue, prédispose l'œil à voir à la même place la couleur complémentaire.

Si donc on enlève l'objet et qu'on le remplace par un objet tout pareil, la nuance de celui-ci va se trouver altérée par la couleur complémentaire.

Prenons une douzaine d'écheveaux de laine rouge teints simultanément, par conséquent identiques.

Si nous les examinons attentivement, l'un après l'autre, les derniers nous paraîtront moins vifs que les premiers.

Ce n'est là qu'une illusion, car si nous répétons l'examen *en sens contraire* (après avoir laissé reposer les yeux), les derniers écheveaux (qui étaient tout à l'heure les premiers) sembleront à leur tour moins éclatants.

Ce curieux phénomène, signalé pour la première

fois par Daniel Kœchlin, habile indienneur d'Alsace, a été expliqué par Chevreul.

Fatigué par le rouge, l'œil tend à voir la couleur complémentaire (c'est-à-dire le vert bleu) à la place même qui est occupée par le rouge. La superposition du rouge et du vert a pour effet de ternir très sensiblement le rouge; c'est un effet de *contraste mixte*.

Daniel Kœchlin avait observé fort judicieusement que si l'on suspend l'examen après les six premiers écheveaux et qu'on repose la vue en regardant du bleu pendant quelque temps, les six derniers éche veaux paraissent au contraire avivés.

Ce fait s'explique aisément; l'œil qui a regardé du *bleu* avec attention prend une tendance à voir du *jaune* (couleur complémentaire). Ce jaune vient s'ajouter au rouge et lui donne plus de *feu*, en le rapprochant de l'écarlate.

Le célèbre peintre Léonard de Vinci (qui fut en même temps un savant distingué pour son époque, 1452-1519), constata que les ombres produites par le soleil levant ont une teinte bleue très prononcée. Il chercha même à expliquer ce fait par *l'azur du ciel que les ombres reflètent*.

Mais cette explication est inadmissible.

En effet, la lumière bleue venant du ciel éclaire indifféremment tous les objets aussi bien que les ombres : tous les corps blancs devraient donc paraître bleuâtres au lever du soleil. Bien loin de là, ils prennent tous une teinte rosée plus au moins jaune; car les rayons du soleil levant sont le plus souvent jaune orangé.

Les ombres, c'est-à-dire les espaces dans lesquels la lumière du soleil ne pénètre pas directement, doivent donc être teintées de la couleur complémentaire, c'est-à-dire du bleu légèrement violeté.

Il est facile de vérifier l'explication par l'expérience suivante (due à Chevreul).

Derrière une vitre de verre jaune tenue verticalement on met un corps blanc opaque posé sur une feuille de papier blanc; l'ombre portée par ce corps opaque paraît franchement bleuâtre. Elle prendrait une nuance verdâtre si le verre était rouge, etc.

Dans les tableaux des grands coloristes de toutes les époques, les effets de coloration des ombres ont été fidèlement reproduits. Mais les artistes préoccupés surtout de la ligne paraissent avoir ignoré complètement ce phénomène, si important au point de vue de l'harmonie générale d'un tableau.

Rien de plus facile d'ailleurs que d'observer en plein jour les ombres colorées.

Dans une pièce où pénètre la lumière du jour, un objet quelconque donne sur un mur blanc une ombre qui paraît franchement grise.

Mais approchons peu à peu une bougie allumée, c'est-à-dire une source de lumière jaune; tout le fond blanc sera éclairé en jaune ainsi que les ombres données par la lumière du jour, lesquels paraîtront d'un *brun jaune* très clair (mélange de jaune et de gris).

Au contraire, les ombres formées par la lumière de la bougie ne recevront pas de lumière jaune; elles devraient être grises, mais elles paraîtront franchement *bleues* par un effet de contraste simultané.

Quand on se promène au clair de lune sur un trottoir éclairé par des becs de gaz, l'ombre d'un objet, donnée par la lumière de la lune, paraît brun jaune, mais celle qui est due à la lumière du gaz prend une teinte bleue caractéristique.

4° CONTRASTE ROTATIF.

Cette espèce de contraste a été découverte par Chevreul en février 1878; l'illustre savant était alors âgé de plus de quatre-vingt-onze ans.

Soit un disque de carton blanc couvert de rouge sur l'une de ses moitiés; au centre est fixé un petit morceau de liège traversé par une aiguille à tricoter, de façon à pouvoir le faire tourner comme une *pirouette* ordinaire.

On peut énoncer les trois lois suivantes :

1° Si le mouvement est fort rapide (400 tours par minute), le disque paraît coloré uniformément d'un rouge clair, autrement dit la *nuance* du rouge ne change pas, le *ton* seul s'est abaissé par le mé-lange du blanc.

2° Quand le mouvement est plus lent (200 tours environ), on éprouve une série d'impressions distinctes (rouge et blanc) qui n'ont rien de bien remarquable.

3° Mais, si le mouvement est réduit à soixante ou soixante-dix tours par minute, le blanc paraît fort nettement teinté de vert, couleur complémentaire du rouge.

De même, avec un disque mi-parti de vert et de blanc, la partie blanche semblerait franchement rose, etc.

Cette curieuse expérience permet *d'analyser* facilement certaines couleurs difficiles à définir ; elle permet d'en trouver immédiatement la complémentaire.

Soit pour exemple le noir ; un œil très sensible et très exercé reconnaîtra si le noir contient un peu de violet, de bleu, de jaune ou de vert. Mais on peut le constater tout de suite en couvrant avec le noir en question la moitié d'un disque de carton blanc et le faisant tourner comme ci-dessus (60 à 70 tours par minute).

On verra la partie blanche se teinter aussitôt de la nuance complémentaire de celle qui prédomine dans le noir soumis à l'essai.

Le blanc paraît jaunâtre? c'est que le noir est violeté.

Il semble rosé? c'est que le noir est verdâtre, et ainsi de suite.

On peut répéter la même expérience au moyen d'un disque blanc, évidé sur l'une de ses moitiés, qu'on fait tourner au-dessus du *noir absolu* de Chevreul.

Dans ce cas, la partie blanche reste du blanc le plus pur, comme on pouvait le prévoir.

XV

CLASSIFICATION DES COULEURS

Pour désigner les couleurs, on procède le plus souvent par comparaison avec des objets connus par exemple : *jaune orangé, jaune citron, jaune paille; vert émeraude, vert d'eau, vert pomme vert myrte,* etc.

De même pour les couleurs très rabattues : *gris de lin, gris de fer, gris de souris, brun marron, brun cannelle, feuille morte,* etc.

Il arrive même assez souvent que des noms plus ou moins absurdes, imposés par la mode, persistent pendant longtemps; c'est ainsi qu'après les *roses Magenta* et *Solférino* nous avons eu le *brun Bismarck*; et qui peut prévoir ce que nous réserve l'avenir en fait de caprices de modes?

Toutes les nuances désignées par comparaison n'ont aucun caractère de fixité : il est difficile de trouver deux citrons absolument du même jaune et deux souris exactement du même gris. Les différences sont beaucoup plus grandes qu'on ne croit, pour les personnes habituées à comparer les couleurs. Il n'y a guère que certaines matières minérales, rigoureusement préparées dans les mêmes conditions, qui conservent toujours la même nuance; ainsi le soufre bien pur sera toujours du même jaune un peu verdâtre (*jaune de soufre*); le sulfate de cuivre pur cristallisé présentera constamment la même teinte bleue, etc.

Chevreul est parvenu à remplacer toutes les dénominations vagues attribuées aux couleurs par des indications précises qui se rapportent à des types parfaitement définis.

Il a créé la *classification des couleurs*, fondée sur la construction des *cercles chromatiques*.

Supposons le spectre continu de la planche I, contourné en forme de cercle de façon que les deux extrémités se touchent; le rouge viendra en contact avec le violet.

Dans le spectre solaire, les diverses régions occupent des surfaces très inégales; le jaune représente une bande fort étroite, tandis que le violet s'étale sur une grande largeur.

Dans le cercle chromatique, les différents *secteurs colorés* sont tous de même surface.

Voici comment on procède pour construire un cercle chromatique :

On reporte six fois le rayon d'un cercle sur la circonférence, comme pour construire un hexa-

gone régulier. Puis chacun des six arcs est partagé
en deux : total, douze points de division.

On joint au centre les points de division : ce qui
donne douze secteurs égaux.

Prenons d'abord les trois rayons n°ˢ 1, 5, 9 :
remplaçons les rayons par trois secteurs très étroits

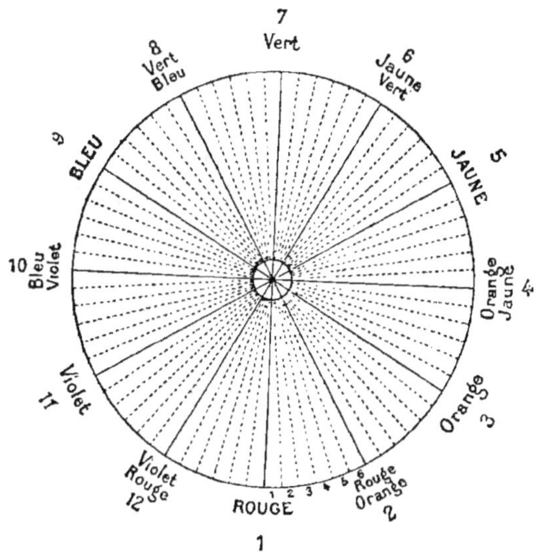

Fig. 24. — Construction du cercle chromatique
des couleurs franches.

qui seront peints en *rouge, jaune et bleu*, en ayant
soin de choisir des couleurs bien vives et bien
franches pour représenter *les trois couleurs primi-*
tives (voir plus haut, p. 83).

Le mélange du jaune et du rouge donnera de
l'*orangé* (n° 3).

Le jaune et le bleu produiront du *vert* (n° 7).

Enfin, avec le bleu et le rouge, on aura du *vio-*
let (n° 11).

Les six couleurs ainsi obtenues représentent les nuances du spectre, à l'exception de l'indigo, qui va se retrouver dans les six nuances suivantes, résultant de mélanges plus complexes :

Rouge orangé, orangé jaune ;

Jaune vert, vert bleu ;

Bleu violet (indigo), violet rouge.

Ces douze nuances fondamentales forment un ensemble très harmonieux ; ce sont des *couleurs franches*, bien qu'elles résultent du mélange d'autres couleurs. Mais, au point de vue de la vision, il est impossible de faire une différence entre le vert du spectre et le vert obtenu par un mélange habilement fait de jaune et de bleu, entre le violet du spectre et le violet formé de bleu et de rouge.

Pour distinguer le vert composé, il faudrait le porter dans les diverses parties du spectre ; il paraîtrait *jaune* dans la partie jaune et *bleu* dans la région bleue. Au contraire, le vert pur ne semblerait *vert* que dans la partie verte et *noir* partout ailleurs.

Chacun des douze secteurs définis comme ci-dessus est partagé lui-même en six secteurs numérotés 1, 2, 5, 4, 5, le premier secteur étant réservé à la couleur principale.

Total : *Soixante-douze secteurs* que l'on recouvre de nuances intermédiaires, graduées régulièrement.

Ces nuances seront désignées par des noms et des numéros d'ordre. Exemples :

Rouge pur. — *Rouges* 1, 2, 3, 4, 5.

Rouge orangé. — *Rouges orangés* 1, 2, 3, 4, 5.

Orangé. — *Orangés* 1, 2, 3, 4, 5.

On peut exécuter un cercle chromatique avec des couleurs vitrifiables sur un plateau de porcelaine, de façon à pouvoir le conserver sans la moindre altération.

A la manufacture nationale des Gobelins, M. Lebois, chef de l'atelier des teintures, a exécuté d'admirables cercles chromatiques avec des laines teintes, sous la direction de Chevreul.

D'après la construction indiquée plus haut, quand on a trouvé la place d'une nuance quelconque sur l'un des secteurs du cercle chromatique, la couleur complémentaire est immédiatement donnée par le secteur opposé par le sommet.

Ainsi le *vert* est complémentaire du *rouge* et le *vert bleu* du *rouge orangé* ; le *jaune vert* est complémentaire du *violet rouge* ; l'*orangé jaune* n° 4 serait de même complémentaire du *bleu violet* n° 4, etc.

GAMMES DE COULEURS FRANCHES.

Prenons une des nuances précédentes et ajoutons des quantités croissantes de blanc, de manière à finir par n'avoir plus que du blanc pur. Nous pouvons former une gamme de vingt tons régulièrement dégradés qui seront désignés par des numéros d'ordre.

On dira, par exemple, pour désigner un certain violet-rouge très éclairci par du blanc : 4 violet-rouge 16 ton ; ce qui signifie : 16e ton de la gamme formée par le *violet-rouge* n° 4.

GAMMES DE COULEURS RABATTUES.

On désigne sous le nom de *couleurs rabattues* les couleurs franches additionnées de noir en quantités plus ou moins grandes. Ainsi tous les bruns sont des couleurs rabattues, de composition souvent très complexe.

Le *gris pur* est un mélange de blanc et de noir, l'un et l'autre aussi purs que possible.

Soit une gamme de gris purs formée de dix tons variant du blanc pur au noir pur. Le premier gris (le plus clair) sera le gris n° 1, il représente du blanc rabattu par un dixième de noir. Le suivant contiendra deux dixièmes de noir.

Enfin le dernier sera le noir pur ou à *dix dixièmes*.

Une telle gamme se construit en prenant pour guide un œil exercé, et non pas en délayant avec du blanc le dixième, les deux dixièmes, etc., de son poids de noir, comme on pourrait le supposer.

Soit maintenant une des 72 couleurs franche

mélangées successivement à chacun des tons de la gamme de gris, nous aurons une *gamme de couleurs rabattues* ; par exemple le 3 *vert-bleu* rabattu à 1, 2, 3, 4... 10 dixièmes de noir.

La même chose peut être faite avec un des *tons éclaircis* pris dans les *gammes de couleurs franches* ; on aura, par exemple, le 5 *jaune vert* 7 *ton* rabattu à 1, 2, 3... 10 dixièmes de noir.

Chevreul a construit dix cercles chromatiques ainsi établis :

Le premier, c'est le cercle des 72 couleurs franches déjà décrit.

Le second s'obtient en superposant au premier le gris n° 1. Il représente donc les couleurs franches rabattues à un dixième de noir.

Le dixième est formé des mêmes couleurs rabattues avec neuf dixièmes de noir. Toutes les nuances se rapprochent beaucoup du noir ; on distingue cependant les couleurs franches, à peu près comme on pourrait les voir aux derniers moments du crépuscule.

APPLICATIONS AUX ARTS ET A L'INDUSTRIE.

Avec une vue sensible et bien exercée, on arrive promptement à trouver la place et le nom d'une nuance quelconque, sur l'une des gammes de couleurs franches ou de couleurs rabattues.

Pour les industriels qui emploient constamment les couleurs, cette classification rend des services inappréciables : la nuance qu'on veut reproduire étant classée, on connaît par le fait même sa composition, ce qui abrège beaucoup les tâtonnements. Par exemple un gris violeté sera trouvé identique au 3 *violet-rouge* 5 *ton, rabattu à* 2 *dixièmes de noir;* on fera un mélange de violet et de rouge bien francs auquel on ajoutera du blanc, puis du noir par petites quantités intimement mêlées, jusqu'à ce que la nuance soit suffisamment *grisée* (ou rabattue).

De très habiles imprimeurs sur tissus, notamment M. Albert Scheurer-Rott, de Thann, se servent constamment des travaux de Chevreul et des recherches nouvelles de M. Rosenstiehl pour créer les combinaisons de couleurs qu'on admire sur leurs tissus.

XVI

Certaines tribus sauvages se parent de tissus teints par des procédés fort primitifs, à l'aide des matières empruntées aux végétaux qui se trouvent à leur portée.

L'art de la teinture a commencé ainsi chez tous les peuples.

Il a pris de grands développements dans l'Asie ancienne, surtout dans les Indes, d'où il a passé en Égypte et en Phénicie, puis dans l'ancienne Grèce et l'Italie.

Toutefois l'usage des tissus teints constituait un véritable luxe dans l'antiquité. Les Hébreux se servaient de belles étoffes bleues, pourpres ou écarlates pour les ornements du tabernacle. Homère parle avec admiration des étoffes de toutes couleurs fabriquées à Sidon.

Au rapport de Pline, Alexandre fut le premier qui employa des voiles et des étendards de couleurs, fabriqués avec des tissus rapportés des Indes. C'est lui qui adopta l'usage du pavillon rouge arboré sur le vaisseau-amiral dans les flottes de l'antiquité.

Les Anciens ont-ils connu des procédés de teinture différents des nôtres? les procédés ont-ils été perdus?

Il est facile de répondre à cette double question.

Nous possédons actuellement une foule de matières colorantes très belles et très solides que les Anciens n'ont pas pu connaître. De plus, nous savons produire, avec les matières anciennement connues (indigo, garance, cochenille, etc.), des couleurs beaucoup plus vives et plus stables que celles des Anciens.

Toutefois les Anciens ont employé quelques matières colorantes dont l'usage est complètement abandonné.

XVII

LA POURPRE ANTIQUE.

Une seule teinture, fameuse dans l'antiquité et délaissée par les peuples modernes, mérite qu'on s'y arrête; c'est la fameuse *pourpre de Tyr*, dont on a cru le *secret* perdu, ce qui est absolument faux.

La pourpre a été abandonnée, parce que nous faisons beaucoup mieux maintenant et surtout à bien meilleur marché. Mais si l'on voulait teindre en pourpre de Tyr, rien ne serait plus facile, d'après les recherches récentes d'un naturaliste éminent, M. Lacaze-Duthiers.

La matière colorante était fournie par deux espèces de coquillages qui sont toujours très communs sur les bords de la Méditerranée : le *Murex brandaris* ou *rocher* et le *Purpura lapillus*. Les deux espèces sont décrites par Aristote et par Pline assez exactement pour qu'on puisse les reconnaître. Il est certain d'ailleurs qu'on employait aussi d'autres espèces voisines; M. de Saulcy a trouvé dans le voisinage des anciennes villes de Tyr et de Sidon un immense dépôt de coquilles du *Murex trunculus.* Toutes ces coquilles portaient la trace d'un trait de meule sur les premiers tours de spire; il fallait en effet les ouvrir de cette façon pour en extraire l'organe contenant la matière colorante.

A Pompéi, on a trouvé des amas de coquilles du *Murex brandaris* près des ateliers de teinture.

Voici, du reste, les indications de Pline sur la manière de teindre en pourpre :

« Pour avoir une excellente teinture, il faut, pour 50 livres de laine, mêler 200 livres de *buccin* (Purpura lapillus) à 111 livres de *pourpre* (Murex brandaris); c'est ainsi que s'obtient cette superbe couleur d'améthyste ».

Le prix de revient était donc fort élevé; il fallait employer une quantité de coquillages représentant plus de six fois le poids de la laine.

La pourpre était généralement violette. Cependant on pouvait, en choisissant les espèces de coquillages, obtenir une teinte voisine de l'écarlate. Les auteurs anciens parlent de ces nuances diverses de la pourpre.

Chez les Romains, le manteau de pourpre était l'insigne du commandement. La *robe prétexte* (que portaient les magistrats) était ornée d'une simple bordure de pourpre. Mais les Romains de la décadence prodiguèrent la pourpre dans leurs ameublements; ils en firent des housses de meubles, des *portières*, etc. C'était une prodigalité insensée, car la laine teinte en pourpre se vendait au poids de l'argent; et même la laine teinte deux fois

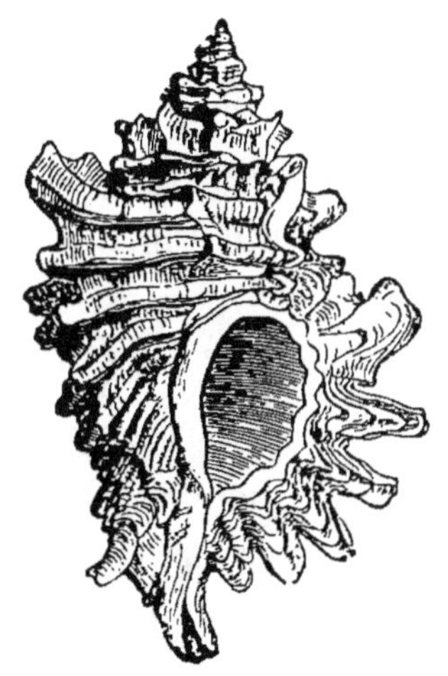

Fig. 25 — Murex trunculus.

Fig. 26. — Purpura lapillus.
(Buccin des anciens)

(*dibapha*) atteignait un prix dix fois plus élevé (deux mille trois cents francs le kilogramme).

La pourpre a sa légende, comme toutes les inventions remarquables.

Le chien d'un pâtre avait brisé entre ses dents une coquille de pourpre. Le maître observe que le poil du chien est taché en violet; il ramasse des coquilles, les brise et s'en sert pour teindre une robe qu'il offre à sa bien-aimée.

L'intervention du chien ne paraît pas utile; de tout temps on a brisé les coquilles entre deux pierres pour en extraire les mollusques comestibles. Pour les *murex*, on a dû remarquer des colorations jaunes, puis verdâtres, et enfin violettes qui résultent de l'action de l'air sur une matière blanchâtre ou jaune clair contenue à l'intérieur de la coquille. La même observation a été faite, dès les temps les plus anciens, sur un coquillage commun sur les côtes d'Écosse; on s'est servi de la matière colorante de ce mollusque comme encre à marquer le linge.

Après avoir joui dans toute l'antiquité d'une renommée sans égale, la teinture en pourpre n'était plus représentée sous Théodose (quatrième siècle) que par deux ateliers, l'un à Tyr, l'autre à Constantinople. Le premier fut détruit par les Sarrasins, le second par les Turcs.

La véritable pourpre était à la fois belle et solide; mais comme dans tous les temps on a voulu des imitations à bon marché, on faisait de la *fausse pourpre* pour contenter les amateurs de luxe à bas prix. Les teinturiers d'Aquinum avaient acquis une renommée spéciale pour la teinture en *simili-pourpre*, comme on dirait dans la langue commerciale moderne.

LE KERMÈS, LA LAQUE ET LA COCHENILLE.

Ce sont des insectes contenant une matière colorante rouge fort employée, même par les plus anciens teinturiers des régions de l'Orient.

Pline parle d'une pourpre bien plus belle que la pourpre de Tyr et qui venait de la Perse; c'était probablement une teinture obtenue avec des insectes colorants.

Le *Kermès de Pologne* (*Coccus polonicus*) est le seul insecte de cette famille qui puisse vivre dans les pays froids. On le récolte sur les racines des *Scléranthées*, plantes fort communes dans les pays sablonneux. Comme il est peu riche en matière colorante, on ne l'emploie presque plus.

Le Kermès ordinaire (*Coccus ilicis*) est encore très usité en teinture. Il vit sur les feuilles et les tiges d'un chêne-vert (*Quercus coccifera*) très commun dans le midi de la France, l'Espagne, l'Italie, le Maroc, l'Algérie, la Grèce, l'Asie Mineure. L'insecte est de la grosseur d'un pois; quand on l'écrase, il donne un suc rouge qu'on fait entrer dans diverses préparations. Tel est le *sirop de Kermès*, à Montpellier; tel est encore l'*Alkermès* des Italiens, sorte de liqueur de table très estimée.

Le kermès desséché ressemble à une graine; d'où le nom de *graine d'écarlate* qu'on lui a donné depuis un temps immémorial dans les ateliers de teinture.

Il paraît prouvé que le kermès était déjà en usage du temps de Moïse. Pline le désigne sous le nom de *coccigrane*; il dit qu'on l'employait pour teindre en pourpre. Les Espagnols payaient la moitié de leur tribut avec du kermès.

Le mot *vermiculus* (petit ver) a servi ensuite à désigner le kermès; d'où les mots français *vermillon*, *vermeil*, pour désigner le rouge vif.

C'est encore le kermès qu'on emploie, même dans nos ateliers, pour teindre les bonnets rouges si estimés par les Arabes et les Turcs. Il serait impossible de faire cette teinture sans kermès; les Orientaux attribuent à l'insecte colorant des propriétés médicinales toutes particulières; et il est facile de reconnaître à l'odeur les objets teints avec le kermès.

La *laque en bâtons* n'est autre chose qu'une sorte de résine dans laquelle se trouvent empâtés des débris d'insectes et souvent même des insectes entiers contenant une couleur rouge identique à celle du kermès. L'insecte de la laque (*Coccus lacca*) vit sur différentes espèces de figuiers, fort communs dans l'Inde. On emploie quelquefois en teinture la laque en bâtons; mais, le plus souvent, ce produit ne sert qu'à préparer la *gomme laque* si usitée pour fabriquer la cire à cacheter, les vernis pour meubles, etc.

La matière colorante sert à préparer la *lac-lake*
et la *lac-dye*, usitées en Angleterre pour la teinture.

Depuis la découverte de l'Amérique, la *Cochenille*

Fig. 27. — Cochenille et nopal.

(*Coccus cacti*) a remplacé presque complètement
le kermès et la laque. Au Mexique, les conquérants
espagnols trouvèrent l'élevage de la cochenille
installé sur une grande échelle : les habitants l'employaient à une foule d'usage. Fernand Cortez ex-

pédia en Espagne des navires chargés de cochenille; c'est ainsi que la précieuse matière fut connue en Europe.

En 1563, on découvrit le moyen de teindre la laine en écarlate au moyen de la cochenille, de la crème de tartre et du bichlorure d'étain. Jusqu'à cette époque, on n'obtenait que des teintes plus ou moins violetées à l'aide de l'alun et de la cochenille.

La teinture en écarlate par la cochenille a été nommée pendant longtemps *écarlate de Hollande* ou *des Gobelins.*

C'est sous le règne de François Ier que Gilles Gobelin, de Paris, s'établit sur les bords de la Bièvre, à l'endroit même où existe encore la célèbre manufacture des Gobelins. Il pratiqua la teinture en écarlate avec grand succès; mais il inspirait si peu de confiance à ses contemporains que l'établissement porta longtemps le nom de *folie Gobelin.*

La cochenille vivante ressemble beaucoup à une punaise ou plutôt à un cloporte; quand elle est desséchée, elle prend l'aspect d'une graine, comme le kermès; de sorte qu'on lui a donné dès l'origine le nom de *graine d'écarlate* et que dans les ateliers on dit encore *écarlate à la graine* au lieu d'écarlate à la cochenille.

On a discuté pendant près d'un siècle sur cette question : la cochenille envoyée du Mexique est-elle une graine ou un insecte? Pomet, savant droguiste de Paris, soutenait que c'était une graine : « J'en

ai semé, disait-il, dans mon jardin d'Auteuil, et elle
a fort bien germé ». C'était, bien entendu, une
mauvaise herbe quelconque qui avait levé, à la place
de la cochenille. D'autres n'avaient pas réussi dans
ces semailles extravagantes, mais cela s'expliquait :
*les Espagnols passaient les graines au four pour
les empêcher de germer !*

Cela se passait au dix-septième et au dix-huitième
siècle ; quels pauvres observateurs que la plupart
des savants de cette époque ! Il suffit de faire gonfler pendant vingt-quatre heures la cochenille dans
l'eau froide pour qu'on puisse discerner les pattes,
même à l'œil nu ; et à l'aide de la moindre loupe on
peut déjà étudier l'anatomie de cet insecte.

Pour nourrir la cochenille il est nécessaire de
cultiver les *nopals* ou *raquettes* (*Opuntia cocci-
nillifera*). Cette plante est originaire du Mexique
comme l'indique son nom (*nopal*, abréviation du
nom aztèque *nopal-nochelzi*) ; elle a été acclimatée
dans la plupart des régions chaudes (îles Canaries,
Espagne méridionale, Algérie, etc.).

Depuis plusieurs années, les cultures de nopals
se restreignent de plus en plus, par suite de l'abais-
sement du prix de la cochenille.

Les chimistes ont trouvé moyen de produire des
teintes écarlates aussi belles et plus solides que
celles de la cochenille à l'aide des matières ex-
traites du goudron : c'est ce qu'on nomme les *pon-
ceaux d'aniline* (ou plus exactement, de *xylidine*).

L'emploi de la cochenille pour la teinture diminue donc de plus en plus.

Mais on continue à fabriquer très en grand diverses couleurs pour la peinture préparées à l'aide de la cochenille : ce sont les *laques carminées* (souvent nommées *laques anglaises*) et surtout le *carmin de cochenille*, dont la teinte est si éclatante. L'*encre rouge*, de première qualité, n'est autre chose que du carmin dissous dans une petite quantité d'ammoniaque qu'on laisse ensuite évaporer.

Les laques carminées (et le carmin lui-même) ne sont pas d'une grande solidité; ces couleurs ne devraient pas être employées pour des œuvres importantes, car elles finissent par disparaître sous l'action de la lumière.

La plupart des historiens ont cru que la cochenille et ses produits n'avaient pénétré en Europe que par le fait de la découverte de l'Amérique.

Mais il est facile de prouver que la cochenille était connue dans l'Inde et en Perse dès la plus haute antiquité.

Au quatrième siècle avant l'ère chrétienne, Ctésias, médecin grec attaché au roi de Perse Artaxercès Mnémon, a donné la description détaillée de la cochenille et de la plante qui la nourrit.

Sous Alexandre Sévère, Élian donna une description analogue et fit connaître que l'Inde exportait des quantités considérables de cochenille.

Enfin, l'empereur Aurélien reçut du roi de Perse

des tissus teints en pourpre beaucoup plus éclatante que la pourpre de Tyr : c'était sans doute une teinture obtenue à l'aide de la cochenille.

LA GARANCE.

Un certain nombre de plantes appartenant à la famille des *rubiacées* contiennent plusieurs matières colorantes rouges ; deux de ces matières, l'*alizarine* et la *purpurine*, sont extrêmement solides et d'ailleurs suffisamment éclatantes.

Rien de plus commun que les rubiacées indigènes : le *caille-lait blanc* et le *caille-lait jaune* (*Galium mollugo et Galium luteum*); l'*aspérule odorante* (*Asperula odorata*), qu'on appelle communément *muguet de Paris*; le *gratteron*; enfin la *garance* (*Rubia tinctorum*), qui paraît originaire de l'Orient ,mais qui s'est acclimatée un peu partout.

Parmi les rubiacées exotiques, on trouve des espèces fort riches en matière colorante et cultivées aux Indes, la terre classique de la teinture. Ce sont les *Rubia peregrina* et *Rubia mungista*, qu'on retrouve jusqu'au Japon.

Il ne faudrait pas croire que toutes les rubiacées contiennent les matières colorantes citées plus haut. Les *quinquinas*, l'*ipécacuanha*, le *caféier* sont des rubiacées, et l'écorce des racines ne peut fournir aucune teinture analogue à celle que donne la garance.

Dès la plus haute antiquité, on a su teindre avec la garance non seulement la laine, mais aussi le coton. Les Grecs appelaient la garance *erythro-danon* et les Romains *rarantia* (d'où nous avons formé *garance*). Au septième siècle, à la foire Saint-Denis, près Paris, on vendait de la garance sèche ainsi que des étoffes teintes avec cette plante. Charlemagne encouragea la culture de la garance. Au douzième siècle, la Normandie jouissait d'une grande réputation pour la culture de la garance et les teintures en rouge bon teint; les dames italiennes recherchaient l'*écarlate de Caen* (tissus de laine teints à la garance).

Cette industrie disparut sans laisser de trace; elle passa aux mains des Flamands et des Hollandais, et la culture de la garance fut complètement négligée en France.

Un Persan devenu célèbre, Jean Althen, importa la culture de la garance aux environs d'Avignon en 1756. Pendant longtemps cette culture fut la principale richesse du pays; la production annuelle s'élevait à plus de 60 millions de kilogrammes et de nombreuses usines travaillaient constamment pour moudre et préparer la garance de diverses manières.

Depuis vingt ans, la culture de la garance a diminué de plus en plus; elle a même disparu presque complètement.

Avec les derniers résidus de distillation du goudron de gaz (espèce de mauvais bitume désigné sous le nom de *brai*), les chimistes ont réussi à produire,

Fig, 28. — Garance.

non pas une contrefaçon des matières colorantes de la garance, mais ces matières elles-mêmes (*alizarine* et *purpurine*) dans un état de pureté parfaite et à un prix qui s'est abaissé de plus en plus; au point que la culture ne peut soutenir la concurrence,

Ce qui distingue surtout les couleurs de garance (ou d'*alizarine artificielle*), c'est une solidité extraordinaire; ce sont, par excellence, des couleurs *grand teint*. Elles résistent au savonnage, à la vive lumière du soleil, etc., bien plus longtemps que toutes les autres.

Les Anciens connaissaient bien cette propriété, car ils teignaient d'abord en rouge garancé les tissus de prix qui devaient recevoir la teinture en pourpre.

Pour teindre la laine en rouge avec la garance, il faut d'abord la *mordancer* en la faisant bouillir avec de l'eau, de l'alun et de la crème de tartre : on lave ensuite à grande eau et on fait chauffer avec de l'eau et de la garance en poudre, ou plutôt de l'*alizarine artificielle*.

C'est ainsi que l'on teint les draps destinés aux pantalons rouges de nos soldats d'infanterie.

Pour le coton, il faut suivre un procédé bien plus compliqué, surtout pour obtenir le *rouge turc*, cette nuance si vive et en même temps si solide. Le coton doit être *huilé*, puis *dégraissé* dans des conditions spéciales, avant d'être soumis à la teinture et aux avivages.

Pour la fabrication des indiennes, on imprimait toujours différents *mordants* sur le tissu de coton : *mordant de rouge*, à base d'alumine; *mordant de violet*, à base de fer; quand celui-ci est très concentré, il donne le noir. En mélangeant ces deux pro-

duits, on obtient des bruns plus ou moins foncés.
Supposons un tissu imprimé avec cinq mordants
différents; après le *fixage* des mordants au contact
de l'air, on lave à grande eau et on teint en garance. On voit alors apparaître cinq nuances très
différentes : *noir*, *violet*, *grenat*, *puce*, *rouge-rose*.
Et ces nuances sont obtenues par une seule et même
teinture.

Les anciens Égyptiens employaient déjà cet ingénieux procédé : Pline le décrit d'une manière assez
confuse.

Depuis la découverte de l'alizarine artificielle, on
imprime le plus souvent la matière colorante avec
un mordant, convenablement choisi : de manière
à supprimer l'opération de la teinture.

Les couleurs dites *garancées* forment la base des
indiennes bon teint, comme aussi des *rouenneries*
(tissus à carreaux fabriqués avec des fils de coton
teints à la garance et à l'indigo).

Suivant un préjugé fort invétéré, on admet que
ces produits peuvent colorer l'eau du premier
savonnage sans qu'il soit permis de les qualifier de
mauvais teint.

C'est une erreur absolue; un produit *bon teint*
ne doit rien céder à l'eau; tel est le coton rouge qui
sert à marquer.

Si les tissus en question cèdent quelque chose
au savonnage, c'est parce qu'on a *remonté* la couleur *bon teint* avec des matières *mauvais teint*,

par exemple le rouge de garance avec du bois de Brésil et l'indigo avec du bleu de Prusse. Aussi, après les premiers lavages, l'intensité et la vivacité des couleurs ont en partie disparu ; les teintures solides ont seules persisté.

Les *laques de garance* sont d'excellentes couleurs que les peintres devraient toujours employer au lieu des laques de cochenille et du carmin.

LES BOIS ROUGES.

Le plus connu de ces produits est le *bois de Brésil* ; plusieurs grands arbres de la famille des *Césalpiniées* fournissent les diverses variétés commerciales, notamment le bois de Pernambuco (ou *Fernambour*, comme on dit dans la droguerie) ; c'est le plus estimé.

Les rouges et roses donnés par les bois rouges sont toujours mauvais teint. Ils sont encore employés pour obtenir sur laine des nuances brunes assez solides.

Autrefois les bois rouges avaient une telle importance que le Brésil doit son nom (en portugais *Brazil*) à la découverte des bois rouges dans ce pays (du mot *brazza, braise, couleur de feu*).

La consommation des bois rouges a fortement diminué ; les rouges d'aniline (ou *fuchsines*) les ont remplacés en grande partie : ils ne sont pas plus solides, mais ils sont bien plus éclatants et d'un emploi plus économique.

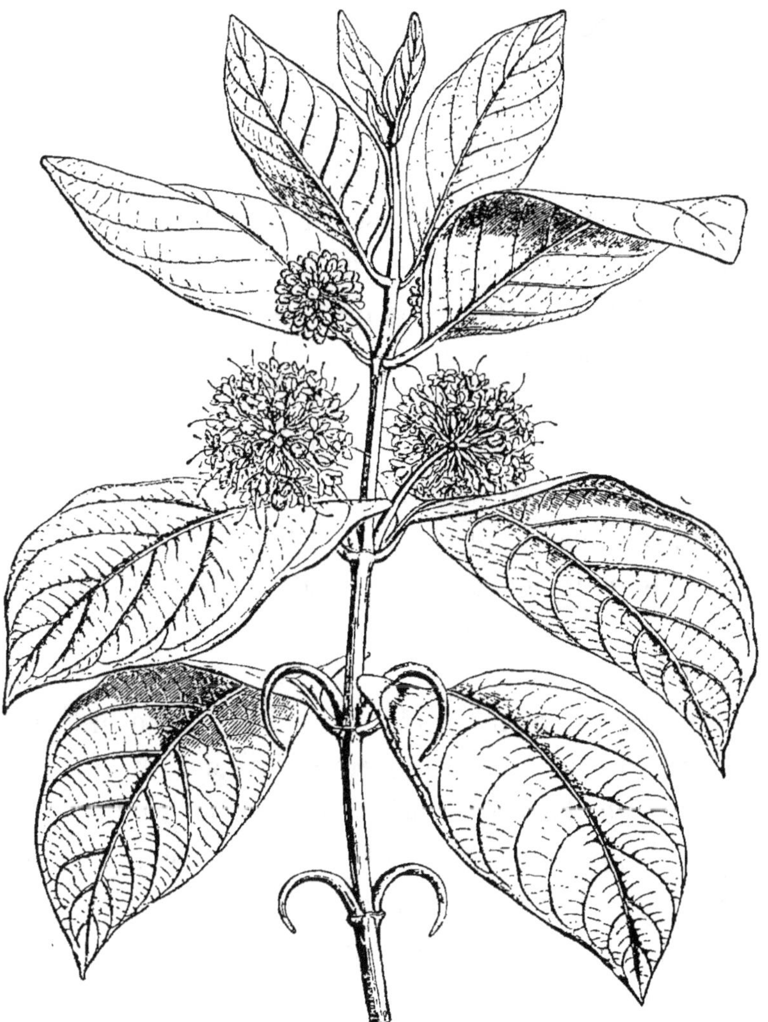

Fig. 29. — Bois rouge (*Cesalpinia*).

Toutefois on fabrique encore beaucoup de laques au bois rouge pour les papiers peints.

COULEURS ROUGES POUR LA PEINTURE.

Le *minium* (*rouge de Saturne*) est un oxyde de plomb d'une fort belle teinte; il est très vénéneux, manque absolument de transparence et brunit peu à peu sous l'action du soleil. On doit donc éviter de l'employer pour des œuvres durables.

Il était connu des Anciens. Comme la céruse (ou *blanc de plomb*) chauffée modérément se change en une sorte de minium (*mine orange*), l'usage du minium remonte jusqu'à l'ancienne Égypte.

Aux époques les plus reculées on a confondu le minium avec le *vermillon* et le *cinabre*.

Ce dernier produit n'est autre chose que du sulfure de mercure naturel, qu'on a réduit en poudre fine.

Quant au vermillon, qui est d'un rouge plus vif, c'est un sulfure de mercure artificiel. Les Chinois excellent dans la fabrication de ce produit; nos plus beaux vermillons soutiennent la comparaison avec les premières marques chinoises, mais ne les surpassent point en éclat et en solidité.

Le vermillon est vénéneux; il est plus stable que le minium, auquel on doit toujours le préférer pour la peinture d'art.

L'usage du vermillon est tellement ancien qu'Homère donne aux vaisseaux grecs l'épithète de *miltoparéoi* (littéralement, aux *joues rouges*), à cause de l'habitude suivie par les Grecs de peindre les flancs de leurs navires avec du vermillon (*miltos*). Toutefois ce même mot a servi souvent à désigner le minium chez les écrivains grecs.

LES OCRES ROUGES, JAUNES, ETC.

Ces couleurs manquent de vivacité, mais elles sont d'une solidité à toute épreuve. On les obtient en faisant cuire à une température modérée des *ocres jaunes*, qui ne sont autres que des argiles ferrugineuses assez communes (dans l'Yonne, l'Allier, etc).

Cette préparation est vieille comme le monde, car les premiers hommes ont observé que les argiles plus ou moins jaunâtres deviennent rouges par la cuisson.

Les peintres de l'antiquité employaient des ocres de toute couleur, et il en est de même des peintres contemporains. Les *terres d'Italie, terres d'ombre, terres de Sienne* (naturelle ou brûlée), le *brun Van Dyck*, etc., ne sont autre chose que des ocres habilement préparées. Les *couleurs Mars* sont des espèces d'ocres artificielles, plus brillantes et surtout plus transparentes que les ocres naturelles.

Toutes ces couleurs sont d'une solidité parfaite et tout à fait inoffensives.

LE ROUGE DES ANCIENS VITRAUX.

Cette magnifique couleur, d'un éclat si vif et si profond, a pour base un sous-oxyde de cuivre de couleur rouge ou même du cuivre très divisé.

On ne peut l'employer pour la peinture; mais on la produit à volonté pour colorer la pâte du verre.

On a dit bien souvent que le *secret* du rouge des anciens vitraux avait été perdu; c'est une erreur complète.

Les verriers contemporains produisent des rouges de cuivre aussi éclatants que ceux des artistes du treizième siècle; mais, au point de vue de l'art, les effets produits ne sont plus les mêmes.

D'abord, le verre prend avec l'âge une teinte particulière, variable avec la nature du verre, comme on peut l'observer sur les vitres des plus vieilles maisons.

Cette teinte modifie les couleurs des vieux vitraux : elle les adoucit en leur ôtant l'aspect *neuf* et *cru* des vitraux modernes.

De plus, les anciens verres rouges n'étaient pas simplement *plaqués* de rouge comme les verres actuels : la pâte du verre était traversée par de nombreuses marbrures rouges, sous la forme de rubans parallèles ou ondulés d'une façon très capricieuse. C'est ce qui résulte d'un travail tout récent (Guignet et Magne).

En outre les artistes du treizième siècle procédaient largement, par touches hardies et naïves, mais avec une véritable science de l'harmonie des couleurs. Enfin, l'inspiration qui les animait manque, le plus souvent, à nos artistes; aussi la plupart de nos vitraux modernes les plus réussis sont des copies ou des réminiscences du treizième siècle.

LE POURPRE DE CASSIUS.

Cette couleur donne sur le verre, la porcelaine et autres poteries, d'admirables tons : violet, rouge pourpre et rose tendre (carmin).

Elle a été découverte en 1668 par André Cassius, médecin de Sleswig.

Le pourpre de Cassius donne les plus beaux résultats pour la peinture sur verre et sur poteries; mais on ne peut l'employer pour la peinture à l'huile ou l'aquarelle.

C'est une matière d'un prix fort élevé qu'on prépare au moyen du ch'orure d'or et d'une solution d'étain.

XVIII

LES JAUNES.

Les teintures en jaune solide se font avec la *gaude*, sorte de réséda sauvage (*Reseda luteola*), qui croît naturellement dans presque toute l'Europe. On la cultive dans le midi de la France, ainsi qu'en Normandie.

La gaude est employée, pour ainsi dire, de toute antiquité. Les anciens Grecs et les Romains avaient reconnu la solidité des nuances obtenues avec l'alun et la décoction de gaude. Les tissus jaunes étaient fort appréciés, surtout pour les fêtes du dieu Hymen. Pour les mariages, les vêtements jaunes étaient imposés par la mode à tous les invités.

On emploie une foule d'autres matières pour les teintures en jaune : *quercitron*, *fustet*, *graines de Perse* et *d'Avignon* (graines de plusieurs espèces de nerpruns), *bois jaunes*, *racine d'épine-vinette*, etc. Mais toutes les couleurs ainsi obtenues sont bien inférieures à celle de la gaude comme solidité, quoique souvent elles la surpassent en éclat.

Pour la peinture, on emploie avec grand avantage les *laques de gaude*, qui sont belles, transparentes et solides.

La *racine de curcuma* est d'un très beau jaune; elle teint directement le coton, sans mordant, mais la couleur n'a aucune solidité.

Le *rocou* donne à la soie de fort belles teintes d'un orangé vif. De plus, comme cette matière se dissout dans les corps gras, on en consomme des quantités considérables pour colorer le beurre; ou même pour imiter le beurre avec des graisses incolores, telles que la *margarine*.

A Paris, il serait à peu près impossible de vendre les beurres de la saison d'hiver, qui sont presque incolores et seraient regardés comme inférieurs, d'après un préjugé fort tenace. On les colore en les pétrissant avec un peu d'huile d'olive chargée de la couleur du rocou.

Cette pratique est d'ailleurs tout à fait inoffensive; elle n'est que malpropre, à cause d'un arrosage tout spécial qu'on emploie pour maintenir à l'état frais le rocou en pâte qui nous est expédié de Cayenne, principalement.

Cette pâte se prépare avec une sorte de pulpe qui entoure les graines du *rocouyer* (*Bixus orellana*).

Le *safran* n'est autre chose que le *stigmate* de la fleur du safran cultivé (*Crocus sativus*).

Fig. 30. — La gaude.

Pour faire un kilogramme de safran sec, il ne faut pas moins d'un million de fleurs! C'est surtout

Fig. 31. — Le rocouyer.

dans le Gâtinais (environs de Pithiviers) qu'on cultive le safran ; la récolte exige une main-d'œuvre considérable, confiée surtout aux femmes et aux enfants.

Le safran est fort peu employé par les teinturiers actuels; on s'en sert principalement pour la cuisine, la confiserie, la médecine.

Les Chinois emploient pour teindre la soie en jaune les fruits du *Gardenia grandiflora*, qui paraissent contenir une matière analogue à celle du safran.

On fait usage actuellement d'un très grand nombre de matières colorantes dites *artificielles*, donnant toutes les nuances de jaune et d'orangé les plus brillantes ; quelques-unes sont très solides. Les *pâtes d'Italie, vermicelles*, etc., qui étaient colorés avec le safran, sont le plus souvent teints en jaune à l'aide d'une de ces matières.

La première teinture jaune artificielle a été obtenue à l'aide de l'*acide picrique* (dérivé du phénol, lequel est extrait du goudron); la teinture est belle, mais peu solide; de plus l'acide picrique est tellement amer qu'il suffit de manier les tissus teints avec cet acide pour que les mains communiquent de l'amertume aux aliments qu'elles touchent.

COULEURS JAUNES POUR LA PEINTURE.

Dans l'antiquité on ne connaissait guère que les *ocres jaunes*, dont nous avons parlé. Mais la palette du peintre moderne est très riche en couleurs jaunes brillantes et solides.

Le plus beau jaune (et le plus stable), c'est le *jaune de cadmium* : combinaison de soufre et de cadmium, métal qui accompagne le zinc, en petite quantité. Mais cette couleur, étant d'un prix élevé, ne peut servir qu'à la peinture d'art.

On emploie fréquemment les *jaunes de Naples*, *de Vérone*, etc., qui sont à base de plomb et contiennent souvent de l'antimoine ; mais les jaunes les plus usités maintenant sont les jaunes de chrome (à base de chromate de plomb) ; on en prépare de toute nuance, depuis le jaune citron le plus clair jusqu'au rouge orangé. Ce sont d'excellentes couleurs qui n'ont que le défaut d'être vénéneuses et de noircir par les émanations sulfureuses comme toutes les préparations de plomb.

On fabrique des jaunes de zinc qui ne présentent pas ces inconvénients.

Les peintres emploient fréquemment le *jaune indien*, qui donne à l'huile ou à l'eau de fort beaux tons dorés, transparents et *chauds*, qu'il serait fort difficile d'obtenir d'une autre façon. Le jaune indien est suffisamment solide ; c'est une sorte de laque, préparée avec une matière colorante végétale, d'origine inconnue jusqu'à présent. Ce beau produit vient du Thibet, par la voie de Calcutta ; les marchands anglais lui donnent le nom de *purree*, d'où nous avons fait *pioury* en suivant les altérations imposées par la prononciation anglaise.

La *gomme-gutte* est souvent employée pour le lavis et l'aquarelle ; c'est un mélange naturel de diverses matières produit par les *guttiers* (arbres du Cambodge). Il est nécessaire de ne pas oublier que la gomme-gutte est un poison très violent.

COULEURS JAUNES VITRIFIABLES.

Les antimoniates de plomb sont les plus employés : et même les chromates, lorsque la température de cuisson n'est pas trop élevée.

C'est ainsi qu'on applique sur la porcelaine et la faïence le *rouge cornalia* des Anglais ; c'est plutôt un jaune orangé voisin du rouge, ayant la même composition que le chromate de plomb basique désigné sous le nom de *rouge turc*.

Pour la peinture sur verre, les beaux jaunes transparents s'obtiennent au moyen du chlorure d'argent ; c'est un procédé déjà suivi par les plus anciens peintres-verriers.

XIX

LES BLEUS.

TEINTURES EN BLEU.

La plus importante et la plus solide des matières servant à teindre en bleu, c'est l'*indigo*, qui se trouve répandu dans une foule de végétaux indigènes ou exotiques.

Des plantes fort communes, telles que la *mercuriale vivace*, le *sarrasin*, etc., contiennent de l'indigo, mais en quantité beaucoup trop faible pour que l'extraction soit avantageuse. C'est pourquoi on préfère exploiter les plantes exotiques d'où l'on tire chaque année les cinq millions de kilogrammes d'indigo nécessaires à la consommation du monde entier.

Bien avant l'ère chrétienne, l'indigo était employé dans l'Inde et en Égypte. Les Romains appelaient cette matière *indicum*; ce nom seul prouve qu'ils la recevaient de l'Inde; mais ils ne savaient pas teindre avec l'indigo et ne s'en servaient que comme couleur de peinture.

L'indigo ne parvint en Europe par grandes quantités que par la route nouvelle du cap de Bonne-Espérance; et ce ne fut qu'après de longues disputes et de véritables persécutions que les teinturiers furent autorisés à l'employer.

On consacrait en Europe d'immenses surfaces à la culture du *pastel (Isatis tinctoria)*, qui contient un peu d'indigo et peut, à la rigueur, remplacer celui-ci. Les cultivateurs de pastel étaient riches et puissants; ils obtinrent de véritables édits de proscription contre la *drogue fausse et pernicieuse* qu'on apportait des Indes pour faire concurrence à leur produit.

Le bon roi Henri IV, si habile à promettre la *poule au pot* à ses bien-aimés sujets, édicta la *peine de mort* contre les teinturiers coupables d'employer de l'indigo.

En 1650, l'électeur de Saxe proscrivit l'indigo, nommé par lui l'*aliment du diable*.

Chaque année, à Nuremberg, les teinturiers juraient de ne teindre en bleu qu'avec le pastel, et la formalité du serment subsistait encore à la fin du siècle dernier, bien que depuis longtemps le serment ne fût plus exécuté.

En France, même sous l'administration éclairée de Colbert, on ne permit l'usage de l'indigo qu'à la condition de le mêler avec *cent fois son poids de pastel*! Les cultivateurs de pastel ne pouvaient pas se plaindre qu'ils n'étaient pas protégés !

La liberté ne fut accordée aux teinturiers en bleu qu'en 1757, à la suite d'un travail fort sérieux du savant Dufay.

Pendant le blocus continental, le prix de l'indigo devint exorbitant ; on fabriqua de l'indigo avec du pastel dans le midi de la France et en Italie. 100 kilogrammes de feuilles de pastel donnaient 250 grammes d'indigo. Les indigotiers de l'Inde rendent à peu près trente fois plus, d'après les recherches de Chevreul (1808). Cette fabrication n'était donc pas avantageuse ; elle cessa en même temps que le blocus continental.

Le pastel, nommé autrefois *Guède* ou encore *Vouède*, est une plante commune en Europe dans les terrains pierreux.

Elle était employée par les anciens Gaulois et Bretons ; Pline rapporte que les femmes gauloises se servaient du suc de pastel pour se teindre la peau quand elles devaient figurer dans certaines cérémonies religieuses. Les Grecs et les Romains savaient teindre en bleu avec le pastel.

On ne peut se figurer aujourd'hui quelle était l'importance de la culture du pastel. Aux environs de Toulouse on préparait d'immenses quantités de *coques* ou *cocaignes* avec des feuilles de pastel agglomérées. Ces cocaignes s'exportaient au loin et les Toulousains étaient devenus si riches que l'expression proverbiale *pays de Cocaigne* (ou *Cocagne*) est restée jusqu'à nous. Les plus beaux édifices de Toulouse ont été bâtis avec l'argent des coques. Pour assurer la rançon de François Ier, Charles-Quint exigea la garantie de Pierre de Bernin, riche fabricant de coques à Toulouse.

Le seul port de Bordeaux exportait chaque année *vingt millions de kilogrammes* de coques. C'était le seul commerce qui restât libre pendant les guerres maritimes avec la France, d'après des conventions spéciales.

De toute cette richesse rien n'est resté; on cultive encore un peu de pastel aux environs d'Albi et de Luc-sur-Mer; le produit est destiné à monter les cuves d'indigo, dites *cuves au pastel*, dont l'usage se restreint de plus en plus.

Aux Indes, la production de l'indigo est immense. Les indigos Bengale sont les plus estimés.

Dans la plupart des régions chaudes, les indigotiers peuvent être cultivés avec avantage. Depuis quarante ans cette culture s'est propagée en Égypte et donne d'assez beaux résultats.

L'Amérique du Sud produit aussi beaucoup d'indigo; le meilleur est celui de Guatemala.

Le nombre des plantes cultivées pour l'extraction de l'indigo est considérable : les principales sont désignées sous le nom d'*indigotiers* et comprennent six espèces du genre *Indigofera*. En Chine, on exploite comme plante à indigo la *persicaire* ou

Fig. 52. — Indigoterie de l'Inde.

renouée des teinturiers (Polygonum tinctorium).

En général, le traitement des plantes à indigo consiste en une sorte de fermentation suivie d'une macération dans l'eau. Le liquide est tiré à clair; on agite au contact de l'air, on ajoute de l'eau de chaux et l'on voit se déposer une matière bleu foncé qui n'est autre que l'indigo.

Pour teindre il est nécessaire de décolorer l'indigo au moyen d'agents chimiques convenables : l'indigo décoloré devient soluble dans une liqueur alcaline. Si l'on plonge un tissu dans la cuve ainsi préparée et qu'on l'expose à l'air, l'indigo décoloré reprend sa teinte bleue et se fixe solidement sur le tissu.

Tel est le principe de la teinture en bleu grand teint ou *bleu de cuve*.

Quand on traite l'indigo par l'acide sulfurique, on obtient des composés d'une belle couleur bleue qui se fixent sur la laine (bleu de Saxe), mais qui sont bien loin d'avoir la solidité du bleu de cuve.

Le *carmin d'indigo*, matière d'un beau bleu. soluble dans l'eau, est une préparation de ce genre.

La teinture en indigo a fait d'immenses progrès depuis la découverte récente de la *cuve à l'hydrosulfite* de MM. Schutzenberger et de la Lande.

De plus, un très habile chimiste, Bæyer, a réussi à fabriquer de l'*indigo artificiel*, toujours au moyen des produits de la distillation du goudron de gaz.

L'indigo ainsi produit est d'un prix un peu trop élevé, mais on peut être certain que ce prix s'abaissera et que les cultures d'indigotiers disparaîtront dans quelques années, comme se sont évanouies les cultures de pastel et de garance.

LE TOURNESOL.

C'est une matière bleue, qui n'a rien de commun avec la plante nommée *tournesol*.

On obtient le bleu de tournesol en faisant fermenter certains lichens avec de l'eau, du carbonate de soude, de la chaux et un peu d'ammoniaque.

Cette matière est employée pour colorer les papiers, les matières alimentaires, etc. Elle devient rouge en présence des *acides* et reprend sa couleur bleue sous l'action des *bases* (potasse, soude, etc.); aussi les chimistes s'en servent presque constamment pour reconnaître les acides et les bases.

On appelle *tournesol en drapeaux* un produit tout différent du précédent; c'est une matière bleue préparée aux environs de Nîmes avec le suc de la *maurelle*, dont on imprègne des toiles grossières ou *drapeaux*. Ce produit est expédié en Hollande, où l'on s'en sert pour la coloration des croûtes de fromage; sous l'influence des acides développés par la fermentation, le bleu devient rouge et donne à l'extérieur l'aspect bien connu des fromages de Hollande.

Quand le tournesol en drapeaux a été rougi par un acide, il ne reprend plus sa teinte bleue sous l'influence d'une base comme fait le tournesol ordinaire.

LE BLEU DE PRUSSE.

Rien de plus curieux que l'histoire de la découverte du bleu de Prusse; rien ne prouve mieux que la plupart des inventions naissent de l'alliance d'un heureux hasard avec des observations originales.

En 1710, un fabricant de couleurs de Berlin, Diesbach, préparait de la laque de cochenille (laque carminée). Après avoir fait bouillir la cochenille avec de l'eau contenant un peu de potasse, il versa peu à peu la liqueur filtrée dans une solution d'alun. Au lieu d'un dépôt de couleur rose il obtint un précipité bleu foncé. Il alla aussitôt trouver Dippel, pharmacien-chimiste, qui lui avait vendu la potasse dont il s'était servi; il apprit ainsi que ce produit avait été chauffé avec des os (pour obtenir l'*huile animale* de Dippel), En supprimant la cochenille, on produisit le même précipité bleu par l'action de la potasse sur une solution d'alun. Enfin Diesbach et Dippel reconnurent que la couleur se produisait seulement quand l'alun contenait du fer.

Le bleu de Prusse était trouvé et la préparation fut gardée secrète jusqu'au moment où Woodward, chimiste anglais, la fit connaitre en 1724.

Pour teindre en bleu de Prusse, il suffit d'imprégner un tissu d'un *mordant* de fer, puis de le passer dans une solution de *ferrocyanure de potassium* (prussiate jaune du commerce).

C'est ainsi qu'on obtenait les bleus Marie-Louise sur soie (bleus Raymond).

Les teintures en bleu de Prusse sont belles, mais peu solides; elles ne résistent ni au savonnage, ni à l'action prolongée de la lumière. Toutefois on emploie beaucoup de bleu de Prusse pour les impressions sur coton (*bleu faïencé, verts vapeur*, etc.).

LES BLEUS D'ANILINE.

On fabrique actuellement avec l'*aniline* (dérivée du goudron de gaz) de magnifiques couleurs bleues fort employées en teinture.

Pour la soie, ces bleus sont très éclatants et suffisamment solides.

Pour la laine et surtout pour le coton, ils ne peuvent remplacer l'indigo, ni même le bleu de Prusse; mais ils servent souvent à *remonter* les bleus grand teint.

Qui n'a pas admiré un villageois avec sa blouse neuve, d'un bleu éblouissant, à reflets un peu mordorés? Après le premier savonnage, cette merveille de teinture n'est plus qu'une honnête toile grand teint, au bleu de cuve, capable de résister à toutes les intempéries.

COULEURS BLEUES POUR PEINTURE.

Pour les peintures communes, pour les papiers peints, etc., on consomme d'immenses quantités de bleu de Prusse, seul ou mêlé avec du jaune pour obtenir des verts.

On donne souvent au bleu de Prusse des noms de fantaisie : *bleu de Paris, de France, de Berlin, bleu minéral*, etc.

Dans la peinture d'art, on n'aurait jamais dû adopter le bleu de Prusse : mais les artistes aiment beaucoup cette belle couleur, si riche et si transparente, qui donne des tons admirables par le mélange avec la plupart des autres couleurs.

Il résulte de là que les œuvres de nos premiers artistes subiront le sort de la plupart des tableaux du premier Empire.

Pour s'en convaincre, il suffit d'observer des volets peints en *gros vert* (vert Milori), après une exposition au soleil pendant quelques années; le bleu a disparu, le jaune seul est resté.

On croit généralement que le bleu de Prusse est vénéneux; c'est une erreur. L'*acide prussique* (ou *cyanhydrique*) est un poison des plus redoutables : mais, dans les conditions ordinaires, le bleu de Prusse ne se transforme pas en acide prussique.

Les Anciens employaient un certain bleu de cuivre, à peu près de la couleur des *cendres bleues*, mais beaucoup plus solide. On le désignait sous le nom de *fritte d'Alexandrie*; c'était une sorte de verre coloré en bleu par de l'oxyde de cuivre, mais seulement *fritté* (c'est-à-dire à demi fondu). C'est ce qui résulte des analyses effectuées sur des bleus grattés sur les anciennes peintures et sur des échantillons trouvés dans la boutique d'un marchand de couleurs à Pompéi.

On pourrait certainement arriver à reproduire la fritte d'Alexandrie et même à la perfectionner. Mais nous avons d'autres bleus tellement beaux et à si bon marché qu'on n'a jamais tenté de sérieux essais dans ce genre, ce qu'on doit regretter.

En effet, les bleus de cuivre présentent un avantage tout spécial : ce sont des *bleus de lumière*, c'est-à-dire qu'ils paraissent bleus à la lumière du gaz ou d'une bougie; tandis que l'outremer et le bleu de cobalt semblent presque noirs dans les mêmes conditions.

Des recherches toutes récentes d'un très habile minéralogiste, M. Fouqué, ont prouvé que le bleu des Anciens est un *silicate de cuivre* parfaitement défini, et qu'il serait facile de le produire en grand.

Les bleus de cuivre ordinaires (*cendres bleues, bleu de montagne, bleu de Péligot*, etc.), sont bien souvent de la plus belle teinte bleu clair; mais on ne peut les employer que pour les papiers peints; à l'huile ils verdissent et noircissent même assez promptement.

Les *bleus de cobalt* ont été connus en Chine, en Égypte, en Assyrie dès la plus haute antiquité. En Europe, ce fut un verrier saxon, Christophe Schürer, qui fabriqua les premiers verres colorés par l'oxyde de cobalt (1550). Ces verres sont d'une teinte si foncée qu'ils paraissent noirs; on les broie sous des meules de manière à les réduire en poudre impalpable : c'est ainsi qu'on obtient les *bleus d'azur*, dont il existe un grand nombre de teintes distin-guées par des numéros. L'azur le plus foncé se vendait fort cher pour colorer en bleu les verres et poteries : les artistes hollandais se servaient du bleu de Saxe pour peindre des vitraux. Les bleus de teinte claire servaient pour *azurer* les tissus, le papier, etc. Actuellement encore on fabrique des bleus pour azurage, mais le plus souvent on emploie l'outremer.

Les *bleus de cobalt* proprement dits sont fort différents des azurs; tandis que ces derniers ne peuvent être employés à la peinture à l'huile ou à l'aquarelle, les premiers constituent d'excellentes couleurs absolument fixes; elles ont seulement le défaut de paraître presque noires à la lumière d'une bougie.

C'est le bleu de cobalt qui sert à l'impression des billets de banque; il possède en effet la précieuse propriété de ne pas se reproduire en photographie.

Les premiers bleus de cobalt, de très belle qualité, ont été obtenus par le célèbre chimiste Thénard.

Cette magnifique couleur s'emploie pour toute espèce de peintures, même pour la décoration des verres et des poteries, car elle est inaltérable même au rouge vif.

Le célèbre *bleu de Sèvres* ou *bleu de grand feu* s'obtient avec l'oxyde de cobalt; il résiste à la chaleur du four à porcelaine, où le fer entre en fusion et où les briques ordinaires se changent en une sorte de verre à bouteilles.

Le *bleu d'outremer naturel* n'est autre chose qu'un minéral particulier, le *lapis-lazuli* ou *lazulite*, qui est d'un bleu vif et qu'on réduit en poudre très fine.

Le lapis-lazuli est d'ailleurs fort rare; on le trouve en Perse, en Chine et surtout dans la Boukharie; on en fait des objets d'ornement très remarquables. Souvent des grains de pyrite de fer, d'un jaune d'or, sont disséminés dans la masse bleue et produisent le plus bel effet. Les anciens observateurs prenaient ces grains de pyrite pour de l'or natif.

Le bleu d'outremer a été employé par les artistes de la Renaissance. Il se vendait littéralement au poids de l'or; la plus belle qualité se pesait avec des pièces d'or, *bien sonnantes et trébuchantes.*

Actuellement, il serait fort difficile de trouver dans le commerce de l'outremer naturel, absolument garanti.

La découverte de l'outremer artificiel est due à un chimiste français, Guimet (1828). La fabrique fondée par lui existe encore à Fleurieu-sur-Saône, près de Lyon; aucun fabricant n'a pu produire, jusqu'à présent, des outremers aussi beaux que les premières qualités d'outremer Guimet; mais un grand nombre de fabriques font les sortes communes destinées aux papiers peints, à l'azurage des papiers et tissus et même à la peinture en bâtiments. Plusieurs fabriques produisent aussi des qualités supérieures.

L'industrie de l'outremer artificiel représente, pour le monde entier, une production annuelle de *vingt millions de kilogrammes.*

Le bleu d'outremer est très stable à la lumière et résiste fort bien aux alcalis, même à la chaux vive, mais il est facilement détruit par les acides. C'est pourquoi les papiers à lettres d'un ton bleuté présentent souvent des traces blanches à l'envers de l'écriture; l'encre, presque toujours acide, a détruit l'outremer.

L'outremer se fabrique avec de la terre à porcelaine (kaolin), du carbonate de soude (cristaux de soude) et du soufre. Ces matières étant à vil prix, l'outremer se vend à très bon marché, depuis 0 fr. 75 le kilogramme pour les sortes inférieures jusqu'à 40 francs pour le bleu Guimet de première marque.

Comme le bleu de cobalt, l'outremer paraît presque noir à la lumière artificielle; mélangé avec les jaunes, il ne donne que des verts sans éclat.

L'outremer n'est pas vénéneux. On l'emploie souvent pour *azurer* le sucre au moment de la *mise en formes*; de façon que le sucre dissous dans l'eau laisse souvent déposer une légère couche de bleu; c'est de l'outremer, qui blanchit immédiatement par l'addition d'un peu de vinaigre.

D'après cet aperçu, on voit que nous avons le droit d'être fiers de la belle découverte de notre compatriote Guimet; elle a permis de créer des produits représentant une valeur considérable avec des matières premières à vil prix. C'est un idéal que l'industriel cherche toujours à réaliser; mais il atteint rarement un succès aussi complet que dans le cas présent.

LES BLEUS POUR VITRAUX, POTERIES, ÉMAUX, ETC.

Ainsi que nous l'avons dit plus haut, ce sont les bleus de cobalt qui sont presque toujours employés pour les peintures sur verre, sur poteries ou sur *émaux*. On donne le nom d'*émail* à une sorte de verre, qu'on applique sur une poterie ou sur un métal. L'émail blanc est rendu opaque à l'aide d'oxyde d'étain, d'os calcinés et broyés ou encore d'acide arsénieux (arsenic blanc). Ce dernier émail est employé pour les cadrans de montre et de pendule : il est fort vénéneux et ne peut servir pour *émailler* les ustensiles de cuisine.

On peut peindre sur émail avec les bleus de cobalt de différentes nuances qu'on trouve dans le commerce (après y avoir ajouté un *fondant*). Souvent on applique l'émail blanc sur des plaques de cuivre ou de fer qu'on recouvre d'une couche d'émail bleu par l'oxyde de cobalt. C'est ainsi qu'on fabrique les plaques indicatrices des rues de Paris. Les plaques de fer sont sujettes à se rouiller et la couche d'émail peut s'en détacher. On les remplace avec grand avantage par des plaques de *lave de Volvic*; c'est une roche volcanique fort dure qu'on débite en plaques minces à l'aide de scies et de poudre d'émeri; ou mieux encore au moyen de *scies diamantées* (lames d'acier armées de diamants noirs).

Tous les émaux bleus les plus communs, appliqués sur les ustensiles de cuisine, sont à base de cobalt. On a trouvé d'ailleurs des minerais de cobalt un peu partout, notamment en Nouvelle-Calédonie : le cobalt et le nickel, qui sont des métaux fort analogues au fer, mais beaucoup moins altérables, sont devenus, relativement, assez communs.

XX

TEINTURES EN VERT.

Il n'est pas possible de teindre directement un tissu en vert, excepté avec les magnifiques *verts d'aniline*, qui donnent à la laine et surtout à la soie des tons d'une vivacité incomparable. A la lumière du gaz et des bougies, ces matières donnent les *verts lumière*, qui paraissent même plus éclatants qu'à la lumière du jour. Ces couleurs ne sont pas très solides : mais pour les toilettes de bal, les costumes de théâtre, etc., elles sont suffisamment résistantes.

Toutes les teintures ordinaires de couleur verte sont obtenues avec les mélanges de jaune et de bleu. Les verts *grand teint* (pour les tapis de billard) résultent de la superposition du jaune de gaude et du bleu d'indigo. Mais on remplace bien souvent la gaude par le bois jaune et l'indigo par le bleu de Prusse, pour les serges vertes communes, etc.

Pour les impressions sur tissus, on obtient les *verts vapeur* au moyen d'un mélange d'une matière jaune avec les corps capables de produire du bleu de Prusse sous l'action de la vapeur d'eau

COULEURS VERTES POUR PEINTURE.

Il faut distinguer tout d'abord les couleurs qui résultent d'un mélange de jaune et de bleu.

Pour obtenir de beaux verts, il est nécessaire d'abord d'employer un jaune très franc, qui se rapproche du jaune citron ; autrement dit le jaune ne doit pas contenir d'orangé, ni de rouge.

De plus, le bleu doit être un bleu *lumière*, comme les bleus de cuivre ou comme le bleu de Prusse, qui paraît un peu vert à la lumière artificielle.

Ainsi, le jaune de chrome citron. la gomme-gutte, la laque de gaude donnent avec le bleu de Prusse de magnifiques tons verts.

Mais les mêmes jaunes ne donnent avec le bleu de cobalt, et surtout avec l'outremer, que des teintes un peu ternes, si on les compare aux précédentes.

On possède d'ailleurs de magnifiques *verts lumière* qui suffisent largement aux besoins de la peinture.

Les verts de cuivre sont désignés sous des noms de fantaisie : *cendres vertes, vert de Brunswick, de Brême, de montagne* (malachite pulvérisée), *vert Paul Véronèse*, etc. Tous ces produits sont vénéneux et manquent de solidité, surtout quand ils sont employés à l'huile ; ils deviennent souvent noirs en vieillissant.

Parmi tous ces verts, il faut distinguer le *vert de Schweinfurt*, combinaison d'arsénite et d'acétate de cuivre qui contient plus de la moitié de son poids d'acide arsénieux (*arsenic blanc*). C'est donc un poison des plus redoutables ; certains États, notamment la Prusse, la Suède et la Norvège, ont absolument interdit l'emploi de cette matière ; les produits étrangers fabriqués avec le vert de Schweinfurt (papiers peints, etc.,) sont rigoureusement refusés à la douane. En Suède on a même proscrit des papiers peints, fabriqués avec des ocres ordinaires, qui contiennent de si faibles quantités d'arsenic, qu'elles sont complètement inoffensives.

En France, on a tort de permettre l'emploi du vert de Schweinfurt pour une foule d'objets usuels : abat-jour de lampes, cartonnages et étiquettes pour toutes sortes de marchandises, etc. Un enfant peut s'empoisonner mortellement rien qu'en suçant une de ces étiquettes d'un vert vif que tout le monde connaît.

Il y a trente ans, on a observé quelques empoisonnements chez des personnes habitant des pièces tendues avec des papiers peints au vert de Schweinfurt.

On s'est fortement ému de ces accidents et on croyait volontiers que tous les papiers verts étaient vénéneux. C'est une erreur ; la plupart des papiers de tenture sont fabriqués avec des *verts Milori* (mélange de bleu de Prusse et de jaune de chrome). Les papiers au vert de Schweinfurt (couleur des abat-jour) sont fort rares : d'abord parce que ce produit est plus cher, ensuite parce que les ouvriers qui appliquent la couleur éprouvent des accidents quelquefois très graves dont les fabricants sont toujours responsables, au moins moralement.

Le *vert Guignet* est un oxyde de chrome hydraté d'un vert émeraude très vif. Il n'est pas vénéneux et résiste à la lumière ainsi qu'aux réactifs les plus énergiques (par exemple à la potasse et à la chaux). Il a été découvert en 1859 et fabriqué à Thann, par M. Scheurer-Kestner ; et depuis cette époque on le produit en grand pour les impressions sur coton (à l'aide de l'albumine), la peinture à l'huile et à l'eau, etc. La production totale en Europe n'est pas inférieure à 500 000 kilogrammes par an.

Dans la peinture d'art, on nomme ce produit *vert émeraude fin* ou *vert émeraude vrai*; il a remplacé complètement le vert émeraude que préparait Pannetier par un procédé demeuré secret.

Cette couleur n'est pas du tout vénéneuse. Elle est transparente et peut se mélanger avec toutes les autres sans les altérer, en donnant des *verts lumière*. C'est ainsi qu'avec du jaune indien, du jaune de cadmium, etc., elle donne des *verts-prés*, *feuille nouvelle*, etc., d'un éclat et d'une solidité incomparables. De même avec les ocres jaunes et avec les bruns on obtient des tons verdâtres, bien supérieurs à ce que donne le bleu de Prusse dans les mêmes circonstances.

Pour les feuillages de fleurs artificielles, le vert Guignet a remplacé complètement le vert de Schweinfurt ; ce qui a valu le prix Montyon à l'auteur de cette découverte.

COULEURS VERTES POUR VITRAUX ET POTERIES.

Ce sont des verts à base d'oxyde de cuivre et, le plus souvent, des verts de chrome.

On prépare à cet effet de l'oxyde de chrome *anhydre* (sans eau) qui est d'un gris verdâtre foncé ; comme couleur à l'huile ou à l'eau, ce produit serait beaucoup trop terne, mais appliqué sur les poteries, avec des fondants convenables, il prend de l'éclat et se prête à toutes sortes de mélanges.

Le vert Guignet est détruit à la chaleur rouge ; par conséquent il ne peut être employé pour les peintures qui doivent subir l'épreuve du feu.

XXI

LES VIOLETS.

TEINTURES EN VIOLET.

Le plus souvent, les violets s'obtiennent par superposition du bleu et du rouge ou plutôt du rose.
Cependant plusieurs matières sont employées pour
teindre directement en violet : telle était la *pourpre*
des Anciens, dont nous avons parlé précédemment.

L'*orseille* est une belle couleur violette usitée en
Europe dès le quatorzième siècle. Ce fut le Florentin
Federigo surnommé *Ruccellai* ou *Oricellari*, qui fit
cette belle découverte ou qui, peut-être, l'importa
d'Orient.

Un certain nombre d'espèces de lichens donnent
par la fermentation en présence de l'ammoniaque
une belle couleur violette.

Les chimistes modernes ont élucidé complètement
la production de l'orseille et les fabricants ont fait
de tels progrès qu'on extrait maintenant des lichens
de fort belles matières, suffisamment solides.

On arrive même à teindre en rouge au moyen de l'orseille. Comme c'est une matière inoffensive, on s'en sert pour colorer une foule de matières alimentaires ; ainsi les sirops de groseille et de *grenadine*, les vins, etc., sont fort souvent teintés par des extraits d'orseille, violets ou rouges.

Avec l'aniline, fabriquée en grand au moyen des huiles de goudron, on obtient d'admirables violets beaucoup plus éclatants et même plus solides que les violets d'orseille ; tel est surtout le *violet de Paris*, découvert par M. Ch. Lauth.

COULEURS VIOLETTES POUR PEINTURE.

Pour la peinture d'art, les violets sont le plus souvent donnés par des mélanges.

COULEURS VIOLETTES, POURPRES ET ROSES POUR LES VERRES ET POTERIES.

Pour la décoration des verres et des poteries, on a le *pourpre de Cassius* ou *violet d'or*, qu'on obtient en ajoutant à du chlorure d'or un mélange de protochlorure et de bichlorure d'étain. Ce curieux produit a été découvert par André Cassius, né à Sleswig vers 1640.

Le *violet de fer* est de l'oxyde de fer très fortement calciné, qui a pris un ton violacé ; cette couleur, très solide, sert à peindre sur verre des *grisailles* dans le genre des vitraux de la Renaissance.

XXII

LES NOIRS.

TEINTURES EN NOIR.

Les plus beaux noirs s'obtiennent en superposant plusieurs couleurs très foncées, surtout des bleus et des violets.

Le jaune et le rouge sont souvent appelés *couleurs lumineuses*, en ce sens qu'on les distingue beaucoup mieux que les autres, même quand elles sont faiblement éclairées, et qu'elles ne paraissent jamais noires, même quand elles sont très foncées.

Mais le bleu très foncé (le bleu de Prusse, par exemple) paraît absolument noir, et il en est de même du violet. Ainsi les fleurs dites *noires* (certaines roses trémières, par exemple), sont d'un violet foncé; et il en est de même des fruits (raisins noirs, etc.).

Les teintures noires ont le plus souvent pour base le produit noir (ou plutôt violet foncé) qu'on obtient en faisant agir les composés de fer (sulfate de fer, acétate, etc.) sur les matières dites *tannantes* ou *astringentes* (noix de galle, extrait de châtaignier, etc.).

Un couteau qui a servi à couper une pomme laisse des traces noires sur une serviette : ce fait si connu a été le point de départ de la teinture en noir chez presque tous les peuples ; car les végétaux astringents sont très nombreux partout et leur action sur le fer a dû être observée aussitôt que ce métal est devenu d'un usage commun.

Cette même couleur noire est la base de l'encre à la noix de galle et à la *couperose* (sulfate de fer), telle que *l'encre de la petite vertu*.

Ce n'est pas cette encre qui a servi pour les manuscrits égyptiens, grecs et romains ; heureusement pour nous, car ils seraient devenus complètement illisibles. Les Anciens se servaient pour écrire de charbon en poudre délayé dans de l'eau gommée : c'était une sorte d'encre de Chine très médiocre.

L'encre à la couperose n'a été employée couramment en Europe qu'à partir du douzième siècle.

La *noix de galle* n'est autre chose qu'une sorte d'excroissance produite à la surface des feuilles du chêne à la suite de la piqûre d'un insecte, le *Cynips gallo-tinctoria*. C'est une espèce de mouche qui vient piquer la feuille et y dépose un œuf qui ne tarde pas à éclore en produisant une *larve* (sorte de petit ver blanc). Cette larve s'entoure d'une espèce de coque sphérique dans l'intérieur de laquelle sa croissance se termine. Enfin elle repasse à l'état d'insecte parfait et perce la coque afin de commencer son existence de mouche.

Plusieurs insectes du genre *Cynips* donnent lieu

Fig. 55. — Noix de galle.

à la formation de galles très différentes sur diverses espèces de chêne.

La noix de galle la plus estimée est celle d'Alep; elle ne doit pas être *piquée*, c'est-à-dire récoltée après la sortie de l'insecte, car elle est alors bien moins riche en matière astringente.

La *galle de Chine* est aussi très estimée; elle est de forme très bizarre, avec des excroissances ou *cornes* irrégulières.

En France, à la chute des feuilles, on remarque souvent des galles jaunâtres, teintées de rouge vif, à la surface des feuilles de chêne. C'est ce qu'on appelle la *galle de pays*, qui n'a qu'une faible valeur, insuffisante le plus souvent pour payer les frais de récolte.

On a publié un grand nombre de recettes pour faire de l'encre à la noix de galle. Elles se réduisent toutes à ceci : ajouter une solution de sulfate de fer à une infusion de noix de galle concassée, additionnée de gomme.

Quel que soit le procédé suivi, l'encre moisit et dépose au bout d'un certain temps; elle devient acide et attaque les plumes métalliques. De plus, elle jaunit en vieillissant. Enfin un lavage à l'eau de chlore ou à l'eau de Javel, puis à l'acide chlorhydrique, détruit aisément l'encre à la noix de galle.

Pour ces divers motifs, cette encre est de plus en plus abandonnée. On la remplace par des encres au bois de Campèche, très belles et très économiques; ou par des encres violettes, qui ne déposent jamais et n'attaquent pas les plumes; ou enfin par des encres spéciales, comme celles de Mathieu-Plessy.

Les encres dites *communicatives* sont additionnées de sucre : elles sèchent beaucoup moins vite que les encres ordinaires; ce qui permet d'obtenir des copies au moyen d'un papier humide pressé sur l'écriture.

Pour les teintures en noir, il suffit de produire de l'encre sur la fibre, assez lentement pour que la matière ait le temps de se *fixer*, c'est-à-dire de s'attacher à la fibre.

On *mordance* les matières à teindre dans un bain d'acétate et de nitrate de fer ; puis on lave à grande eau et on passe dans un bain de noix de galle.

On n'aurait ainsi qu'un gris violeté, mais on arrive au noir en répétant ces traitements alternatifs.

Sur le coton, on n'obtient jamais, par ce procédé, de noirs aussi beaux que sur laine et sur soie.

Le plus souvent, les noirs se font à l'aide du bois de Campêche (bois d'Inde) et du bichromate de potasse. Les noirs au campêche ont un reflet bleu violeté ou même franchement bleu qui les rend précieux pour la teinture des draps d'uniforme *bleu foncé* (ou plus exactement *noir bleu*). De là, le nom de *bois bleu* souvent donné au campêche.

Ces couleurs sont d'ailleurs très solides sur laine et sur soie : mais beaucoup moins sur coton, car elles ne résistent guère au savonnage.

Pour les draps noirs grand teint d'Elbeuf, de Sedan, on commence par une teinture solide en indigo (bleu de cuve), à laquelle on superpose une des teintures noires précédentes. On ajoute même du bois jaune de manière à *neutraliser* le bleu au moyen du jaune et à obtenir un noir tout à fait franc.

Pour teindre le bois en noir, on se sert d'une liqueur formée d'extrait de bois de Campêche et d'acétate de fer. Ce mélange pénètre le bois à plusieurs millimètres de profondeur et lui donne, en séchant, la plus belle teinte noire qu'on puisse désirer. Les bois durs, riches en matières tannantes (chêne, charme, hêtre, poirier) *prennent* très bien le noir; mais avec le sapin et le peuplier, on n'obtient que des résultats médiocres.

Le *noir d'aniline* est une magnifique couleur découverte en 1863 par Lightfoot et perfectionnée par M. Ch. Lauth et plusieurs autres chimistes et industriels.

Cette couleur ne peut, jusqu'à présent, s'appliquer que sur coton, chanvre, lin, ramie; on n'a pu encore la produire sur laine et sur soie.

Elle est d'ailleurs d'une solidité à toute épreuve; elle résiste au soleil, aux lessives alcalines, aux acides, à l'eau de Javel. C'est grâce au noir d'aniline qu'on obtient des indiennes solides pour deuil et demi-deuil. On la fixe également sur coton par voie de teinture (Stalars).

NOIRS POUR DESSINS ET PEINTURES.

C'est presque toujours le charbon qui est employé comme noir pour la peinture ; mais, suivant les variétés du charbon, les qualités du noir sont extrêmement diverses.

Le charbon de bois ordinaire, réduit en poudre impalpable, ne donne qu'un gris foncé, de médiocre valeur, usité seulement pour la peinture en bâtiments.

Il en serait de même du *fusain*, réduit en poudre fine ; car ce n'est autre chose que du charbon de bois de fusain, de bourdaine, de saule ou de peuplier préparé avec des soins particuliers.

Mais en carbonisant des noyaux de pêche (dans un creuset bien fermé), on obtient un beau noir foncé employé pour la peinture à l'huile (noir de pêche).

Les sarments de vignes, les marcs de raisin donnent aussi un très beau noir.

Le *noir d'ivoire* n'est autre chose qu'un charbon préparé en cuisant à l'abri de l'air des débris d'ivoire ou d'os très durs employés pour la tabletterie. On en consomme de grandes quantités pour la peinture à l'huile.

De tous les noirs de charbon, le plus employé, c'est le *noir de fumée*. Si l'on introduit un corps froid dans la flamme du gaz, dans celle d'une lampe ou d'une bougie, on le voit se recouvrir aussitôt d'une couche de noir de fumée; ce n'est autre chose que du charbon qui est en suspension dans les flammes éclairantes, mais qui brûle complètement dans la flamme du gaz *brûlant à bleu* (avec un excès d'air). Aussi, dans ce dernier cas, on ne peut recueillir de noir de fumée.

Pour obtenir du noir de fumée, il suffit donc de faire brûler de la houille grasse, des résines ou des huiles communes de manière à obtenir une flamme aussi fumeuse que possible, et de faire rendre les produits dans des chambres où le noir de fumée se dépose.

Le *noir de houille* est le plus médiocre de ces produits; il n'est employé que pour les plus grossières peintures de la marine. Souvent on se contente de recueillir ce noir dans la cheminée des machines à vapeur.

Le *noir de résine* s'obtient en grande quantité dans les Landes en brûlant toute sorte de déchets de résine. Il est souvent mêlé de matières résineuses jaunâtres; c'est pourquoi les vieux papiers de deuil exhalent souvent une odeur de résine et laissent paraître un *cerne* jaune le long des lisérés noirs. Pour purifier le noir de fumée on le calcine de nouveau ou bien on le traite par l'acide sulfurique concentré; et on le lave ensuite complètement.

Le *noir de lampe* est bien supérieur aux autres

noirs de fumée. Les Chinois le préparent avec de grosses lampes à huile donnant des flammes très fumeuses; ils s'en servent pour fabriquer leur encre.

Les Japonais obtiennent un noir de qualité supérieure en faisant brûler du camphre et recueillant la fumée.

L'encre de Chine n'est autre chose que du noir de fumée de première qualité intimement broyé avec une solution de gomme et de gélatine. Depuis un temps immémorial les Chinois et les Japonais fabriquent ce produit avec une telle perfection qu'il est inutile de chercher à imiter les premières qualités; il n'y a guère que les encres de Chine communes qu'on imite assez bien en Europe.

L'*encre de Chine liquide*, de Bourgeois, se conserve indéfiniment sans former de dépôt; elle est extrêmement utile pour le dessin géométrique ainsi que pour les écritures qui doivent être *indélébiles*. Il faut seulement avoir soin d'écrire sur du papier à peine collé, de façon que l'encre pénètre bien dans le papier; autrement on pourrait l'enlever par un léger frottement, avec un pinceau imbibé d'eau pure, comme on fait pour les taches d'encre de Chine sur le papier à dessin.

Tous les noirs au charbon sont indélébiles; ils résistent à tous les réactifs chimiques autant et même un peu plus que le papier lui-même.

C'est pour cette raison qu'il est impossible de

blanchir le papier imprimé. En effet, toutes les encres noires pour impression sont préparées avec du noir de fumée broyé avec de l'huile de lin cuite; on ajoute souvent de la résine. Pour l'impression des journaux, on emploie les noirs de basse qualité, de sorte que l'encre est plutôt grise que noire; mais pour les ouvrages de luxe et surtout pour le tirage des gravures, on emploie des encres spéciales de première qualité (encres à vignettes).

Pour l'impression en *taille-douce*, le noir de fumée est remplacé par une sorte de charbon fort complexe désigné sous le nom de *noir d'Allemagne* ou *de Francfort*.

NOIRS POUR LES VERRES ET POTERIES.

C'est encore par superposition de plusieurs teintes qu'on obtient les belles couleurs noires si utiles pour la décoration des verres, émaux et poteries.

On mélange en proportion convenable les oxydes de cobalt, de manganèse et de fer; le premier donne le bleu très foncé; les deux autres un brun particulier dit *brun écaille*; ces deux teintes superposées produisent un fort beau noir.

XXIII

LES BRUNS.

TEINTURES EN BRUN.

Le brun n'est pas une couleur particulière;
le nombre des bruns est infini, car une couleur
quelconque, mêlée de noir, devient un brun. C'est
ce qu'on nomme des *couleurs rabattues.*

En teinture, on obtient souvent les bruns par
des matières colorantes spéciales; tels sont surtout
le *cachou* et le *gambir*, extraits bruns ou bruns
jaunes qu'on obtient en évaporant à sec une
décoction faite avec de l'eau et les feuilles ou les
jeunes pousses de l'*Acacia catechu*, les noix d'*arec*
ou les feuilles de l'*Uncaria gambir*. On façonne cet
extrait en petits pains cubiques qu'on emploie en
grandes quantités pour les nuances dites *bruns
cachou*; ces bruns sont plus ou moins rougeâtres
ou jaunâtres, d'après la nature des couleurs et celle
des ingrédients qui ont servi à *fixer* la couleur. Les

cachous viennent surtout de l'Inde et de l'Afrique.

Avec la garance et les mordants de fer et d'alumine on obtient aussi des bruns.

Parmi les matières colorantes dites *artificielles*, on remarque un certain brun doré qui est fort employé sous le nom de *brun Bismark*, principalement pour la teinture des cuirs et peaux.

Le plus souvent, les bruns sont obtenus par superpositions ou teinture simultanée de plusieurs nuances.

BRUNS POUR PEINTURE.

On emploie pour la peinture une quantité de couleurs brunes naturelles : *terres d'Italie, d'ombre, de Sienne, de Cassel*, etc., plus ou moins modifiées par la cuisson ; *brun Van Dyck*, etc. Toutes ces nuances sont extrêmement solides et peuvent entrer sans inconvénient dans l'exécution d'une œuvre d'art durable.

Mais il n'en est pas de même du *bitume* et surtout de la *momie*, matières brunes, transparentes, dont plusieurs peintres du temps du premier Empire et de la Restauration ont si largement abusé. Toutes ces peintures sont *craquelées* au point d'être méconnaissables ; de plus les *glacis* de bitume ont fortement noirci sous l'action de la lumière.

On est arrivé à préparer le bitume de manière à

Fig. 34. — Palmiers aréquiers (produisant les noix d'arec).

le rendre *siccatif*, comme les autres couleurs; le bitume ne présente donc plus les mêmes inconvénients qu'autrefois : cependant il faut l'employer avec discrétion.

Les couleurs dites *jaune, brun, orangé Mars* sont très solides et suffisamment transparentes pour qu'on puisse les substituer au bitume.

La *sépia* est une couleur brune, belle et solide, qui est l'encre d'une espèce de *sèche (Sepia officinalis)*, très commune dans la Méditerranée; elle n'est usitée que pour l'aquarelle et surtout pour les peintures dites *à la sépia*. Il paraît que les Chinois font entrer souvent la sépia dans la préparation de leurs encres.

COULEURS BRUNES POUR VERRES ET POTERIES.

Les oxydes de fer et de manganèse donnent des bruns très solides qui résistent même au *grand feu* du four à porcelaine. On obtient ainsi de très beaux bruns couleur écaille avec un mélange d'oxydes de fer et de manganèse.

On modifie, pour ainsi dire à volonté, la teinte des bruns en y ajoutant d'autres oxydes : de zinc, de cuivre, de chrome, etc.

XXIV

BLANCHIMENT DES TISSUS.

En teinture, on n'obtient le blanc que par les opérations du *blanchiment*, qui sont très différentes selon la nature du tissu.

Pour les fibres végétales (coton, chanvre, lin, etc.), le premier mode de blanchiment a consisté dans l'exposition à la rosée, puis à la lumière du soleil.

C'est ainsi que les villageois blanchissent leurs toiles en les exposant sur le pré et les arrosant de temps en temps, si la saison est trop sèche.

Jusqu'à la fin du siècle dernier, on ne connaissait pas d'autre procédé ; les grandes fabriques d'Alsace, de Normandie, d'Angleterre occupaient d'immenses surfaces de prairies uniquement pour blanchir les pièces de coton. Ces prés ne pouvaient donner aucune récolte, et pendant l'hiver la fabrication subissait forcément un temps d'arrêt.

On se figure volontiers que le blanchiment sur le

pré donnait des tissus plus solides que les procédés actuels; c'est une erreur complète.

Au siècle dernier, les calicots étaient tissés avec des fils beaucoup plus gros que les fils actuels; ils étaient donc bien plus résistants.

Le blanchiment sur le pré altérait les tissus fins (mousselines, etc.) bien plus que nos moyens actuels, et il était presque impossible d'éviter les accidents.

Enfin, il ne fallait pas moins de plusieurs semaines pour blanchir les tissus, tandis que les procédés modernes exigent à peine quelques jours.

La grande découverte du blanchiment par le chlore remonte à la fin du siècle dernier; elle est due au célèbre chimiste Berthollet (né en 1749 en Savoie et naturalisé français). Le chlore avait été découvert par Scheele, chimiste suédois, en 1774.

Depuis qu'on sait bien employer le chlore et les *chlorures décolorants* (chlorure de chaux, eau de Javel, etc.), on n'a presque jamais recours à l'exposition sur le pré. Pour certains tissus, on expose encore sur le pré, mais seulement pendant quelques jours.

Comme on abuse toujours des meilleures choses, on a fait grand abus du chlore. De 1850 à 1850 on recherchait pour les éditions de luxe des papiers d'un blanc éblouissant, mais on ne savait pas enlever l'excès du chlore employé pour blanchir la pâte à papier; de sorte que plus d'un beau papier de cette époque est devenu jaunâtre et a perdu toute solidité.

Actuellement encore, on abuse du chlore, non point pour le blanchiment des fils ou tissus neufs, mais pour le blanchissage; les meilleurs tissus ne résistent pas aux fortes lessives et à l'action de l'eau de Javel concentrée.

Le blanchiment des tissus de coton, de lin, de chanvre, s'opère par une série de *lessivages alcalins*, alternant avec des *chlorages* et des passages en *acides*. Pour finir, il est indispensable que le tissu blanchi soit complètement lavé, car il ne doit pas conserver la plus faible trace des produits chimiques employés dans ces diverses opérations.

On ne peut d'ailleurs teindre ou imprimer les fils ou tissus avant que le blanchiment n'ait enlevé toutes les matières étrangères à la fibre.

Pour les tissus destinés à l'impression, il est même nécessaire de les soumettre au *flambage*, en les faisant passer rapidement au-dessus d'une plaque de fonte rougie ou d'une rampe de gaz *brûlant à bleu*. On détruit ainsi tout le *duvet* qui se trouve à la surface du tissu, et les couleurs données par la teinture ou l'impression sont beaucoup plus régulières et plus solides.

Les tissus destinés à rester blancs sont *apprêtés* avec de l'empois de fécule et diverses matières mucilagineuses. Les Anglais ont trouvé depuis longtemps le moyen de *charger* leurs calicots blancs avec de la *magnésie* (espèce de terre blanche de faible valeur). Ces tissus paraissent fort solides et même très serrés; mais le premier lavage enlève l'apprêt et laisse un tissu lâche et grossier, qui manque absolument de résistance.

On ajoute un peu d'outremer à l'apprêt, non-seulement pour avoir un blanc parfait, mais pour atteindre le blanc légèrement *bleuté*, qui est généralement préféré au blanc pur. Cependant les Chinois estiment plutôt les blancs légèrement verdâtres; quand on fabrique des tissus blancs destinés à l'exportation en Chine, on ajoute à l'apprêt un peu de vert Guignet en pâte finement broyée.

Il est impossible d'employer le chlore pour blanchir la laine et la soie ; ces matières seraient fortement attaquées et perdraient toute valeur.

On commence par des lavages à l'eau, puis à l'eau de savon ; pour la soie, on ne doit employer que du savon blanc de Marseille de première qualité, car le savon ordinaire contient un petit excès de soude qui altérerait la soie.

On procède ensuite au *soufrage* ; la laine ou la soie, bien pénétrées d'eau, sont exposées pendant vingt-quatre heures dans des chambres à l'action de l'*acide sulfureux*, produit en faisant brûler du soufre. Il faut ensuite laver à grande eau.

C'est le même procédé qu'on emploie pour la paille destinée aux chapeaux de luxe (paille d'Italie). Quant à la prétendue *paille de riz*, c'est un nom de fantaisie donné à de minces copeaux de bois très blanc (bois de marronnier) qu'on tresse artistement pour en faire des chapeaux de dames.

L'art de blanchir les tissus et de nettoyer les vêtements remonte, chez tous les peuples, à la plus haute antiquité. Dans cette voie, les Chinois et les Hindous ont précédé les nations européennes ; ils pratiquaient la teinture avec succès, ce qu'ils n'auraient pu faire sur des fils ou des tissus non blanchis.

Dans les diverses régions du globe, on a constaté que certaines plantes forment avec l'eau une sorte d'*émulsion* savonneuse qui convient au nettoyage des laines. Telle est la *saponaire*, si commune en France et déjà recommandée par Dioscoride, médecin grec qui vivait au premier siècle de l'ère chrétienne.

Telle est aussi la *saponaire d'Orient* (*Gypsophila Struthium*), déjà mentionnée par Pline.

Tels sont enfin les racines et les fruits de diverses espèces de *Sapindus* (Indes), et surtout l'écorce du *Quillaja saponaria*, si employée sous le nom de *bois de Panama*.

Quant à l'usage des lessives de cendres ou *lessives alcalines*, il est impossible d'en préciser l'origine : cet usage a suivi de très près la découverte du feu.

COULEURS BLANCHES POUR PEINTURE.

La *craie* est une matière blanche fort commune, même aux environs de Paris (*blanc de Meudon*). C'est du *carbonate de chaux*, comme la pierre ordinaire à bâtir, le marbre, etc. Purifiée par les lavages, et mise en pains, la craie prend le nom de blanc de Meudon, de Troyes, d'Espagne, etc. ; façonnée en petit prisme, elle sert de crayon blanc ; c'est la craie ordinaire, servant à écrire sur les tableaux noirs.

On emploie la craie pour les badigeons, l'impression des papiers peints, etc. ; mais il est impossible de s'en servir à l'huile ; elle ne *couvre* pas et paraît jaunâtre. Broyée avec très peu d'huile de manière à former une pâte ferme, elle constitue le *mastic des vitriers*.

Pour les badigeons, la *chaux vive* délayée dans l'eau remplace souvent la craie ; au bout d'un temps très court la chaux repasse à l'état de carbonate de chaux à cause de l'acide carbonique de l'air.

Les argiles blanches (le kaolin surtout) sont quelquefois employées pour badigeons ou papiers peints.

Le meilleur blanc pour les peintures *à la colle* (ou en *détrempe*), c'est le *blanc fixe* (sulfate de baryte artificiel), qu'on fabrique très en grand depuis une trentaine d'années. C'est le *blanc à satiner* des fabricants de papiers peints.

Quant au sulfate de baryte naturel, il ne sert qu'à falsifier les couleurs et à *charger* les papiers très lourds qui sont employés pour détailler le sucre, le poivre, etc.

Pour la peinture à l'huile, on n'emploie que deux couleurs blanches : la *céruse* et le *blanc de zinc*.

La première est connue dès la plus haute antiquité. Pline et Vitruve ont décrit avec détail la fabrication de la céruse telle qu'on la pratiquait de leur temps, surtout chez les Rhodiens, qui avaient acquis une véritable réputation dans ce genre. Le plomb en lames était exposé dans des outres à l'action des vapeurs de vinaigre : il se formait au bout de quelques jours une couche de céruse qu'on enlevait ; puis on répétait la même opération. C'est encore à peu près ce qu'on fait dans le *procédé hollandais*.

Le mot *céruse* est latin ; il est synonyme de *blanc de plomb*, *blanc de céruse* ; et même le *blanc d'argent*, le *blanc léger* ne sont que des variétés de céruse. Le *blanc de Krems* ou *de Kremnitz* est de la céruse fabriquée à Kremnitz.

La céruse forme avec l'huile une pâte très liante ; il y a même dégagement de chaleur au moment où l'on délaye la céruse avec l'huile, au point que la matière se carboniserait si l'on opérait sans précaution sur de grandes quantités.

La céruse *couvre* admirablement ; c'est-à-dire qu'elle est tout à fait opaque et qu'elle cache le bois ou le métal sur lequel on l'applique : deux couches de céruse couvrent autant que trois couches de blanc de zinc.

Toutefois la céruse a deux défauts graves : 1° c'est une couleur très vénéneuse, comme les produits à base de plomb ; elle empoisonne lentement, mais *sûrement*. Il n'est pas nécessaire de respirer de l'air chargé de poussière de céruse ou d'avaler de la céruse avec les aliments ; il suffit que la peau soit en contact avec la céruse pendant un temps assez long (voir l'exemple cité p. 40).

2° La céruse noircit ou brunit fortement sous l'action des émanations sulfureuses (gaz qui se dégagent des fosses d'aisances, etc.). Comme la plupart des couleurs qui entrent dans l'exécution d'un tableau sont mêlées avec du blanc de céruse, presque tous les vieux tableaux ont *poussé au noir* : et il est impossible de les rendre à leur fraîcheur primitive.

On croit que l'illustre chimiste Thénard a employé *l'eau oxygénée* (qu'il avait découverte en 1818) pour restaurer un *tableau* de Raphaël, noirci par le temps. C'est une grave erreur ; après quelques essais tentés sur de vieux tableaux sans valeur, Thénard traita par l'eau oxygénée un *dessin* de Raphaël (au crayon noir *rehaussé* de blanc de céruse). Les *rehauts* blancs étaient devenus bruns ; ils reprirent leur teinte primitive. Mais on ne pourrait appliquer l'eau oxygénée à la restauration d'un tableau : la plupart des couleurs (même les plus solides, comme les laques de garance) seraient complètement altérées.

Pour les peintures en bâtiment, la céruse est consommée en énormes quantités ; c'est d'ailleurs le seul blanc qu'on puisse employer pour les peintures extérieures (fenêtres, portes, persiennes, etc.) ; car c'est le seul qui résiste longtemps à l'action des intempéries.

Il est rare que la première qualité de céruse soit absolument pure ; elle contient le plus souvent quelques centièmes de sulfate de baryte. Mais les numéros 2, 3, 4, 5 en contiennent de plus en plus, jusqu'à la moitié de leur poids. Dans les marchés, il est donc nécessaire d'imposer aux entrepreneurs l'emploi de la céruse pure.

Le *blanc de zinc* n'est autre chose que de l'*oxyde de zinc* qu'on fabrique très en grand en faisant brûler du zinc fondu sous l'action d'un courant d'air.

L'emploi du blanc de zinc a été proposé dès 1779 par Courtois et Guyton de Morveau. Mais c'est un habile industriel français, Leclaire, qui a réussi le premier à faire employer et fabriquer en grand le blanc de zinc. Depuis quarante ans, cette excellente couleur est devenue tout à fait usuelle.

Le blanc de zinc est d'une pureté parfaite, aussi blanc que la plus belle céruse ; de plus il n'est pas vénéneux, dans les circonstances ordinaires; il n'est pourtant pas absolument inoffensif. Enfin, il ne noircit point par les émanations sulfureuses.

Le seul défaut du blanc de zinc, c'est de ne pas *couvrir* autant que la céruse, ce qui n'empêche que le blanc de zinc ne soit employé maintenant pour toutes les peintures intérieures, au moins pour les maisons un peu luxueuses.

Quant à la peinture d'art, les artistes devraient renoncer complètement à la céruse et la remplacer par le blanc de zinc.

BLANCS POUR VERRES ET POTERIES.

Dans la peinture sur verres ou sur poteries, les blancs sont donnés le plus souvent par le fond, transparent ou opaque, que l'artiste a soin de *réserver* habilement. C'est ce qu'on fait d'ailleurs pour l'aquarelle, en réservant le papier aux endroits convenables.

Toutefois, on se sert en peinture sur faïence, porcelaine, etc., de *blanc à rehausser*, qui n'est autre chose qu'un émail blanc, sorte de verre très fusible rendu opaque au moyen de l'acide stannique ou du phosphate de chaux.

XXV

EMPLOI DES COULEURS DANS L'ART ET DANS L'INDUSTRIE.

1° PEINTURES MURALES.

Dès la plus haute antiquité, on s'est appliqué à orner de couleurs l'intérieur et même l'extérieur des édifices.

Les artistes grecs et romains ont souvent pratiqué la peinture *à la cire* ou *à l'encaustique* (mélange de cire avec un peu de carbonate de soude). Les auteurs ont décrit avec certains détails le procédé employé; la *cire punique* était un mélange de cire avec un vingtième de soude. On délayait des couleurs avec la cire fondue et on les appliquait sur la muraille parfaitement séchée et chauffée par des réchauds de charbon; ou bien on appliquait à froid la cire colorée et on la faisait fondre sur place en approchant un corps chaud.

Les peintures à la cire ont un aspect très artistique; elles sont très durables, mais l'exécution en est fort pénible, car il faut toujours travailler à chaud.

On obtient des résultats analogues en délayant les couleurs avec de la cire dissoute dans de l'essence de térébenthine additionnée d'huile de lin, etc. C'est ainsi que Dussouge a exécuté les peintures de Saint-Vincent-de-Paul; toutefois les peintures à la cire chaude offrent un aspect mat tout à fait particulier et difficile à obtenir d'une autre façon.

Les artistes modernes ont souvent peint à l'huile des murailles recouvertes d'un enduit spécial. C'est ainsi que Gros a peint la coupole du Panthéon après l'avoir fait imprégner d'un mélange de cire et d'huile de lin cuite, appliqué à chaud.

Le plus souvent, les peintures murales sont exécutées à l'huile sur des toiles ordinaires; on les colle ensuite sur les murailles à l'aide d'un mélange de céruse et d'huile de lin. C'est ainsi qu'on procède pour les plafonds, les grands panneaux décoratifs, etc. Quand l'édifice a besoin de réparation, il est facile de détacher les toiles (avec des précautions) et de les réappliquer ensuite sur les murailles réparées.

La véritable peinture murale, c'était la peinture *à fresque*, si employée dans l'antiquité et même du temps de la Renaissance.

Le mot *fresque* vient de l'italien *fresco*, *frais*: la peinture s'exécute en effet sur un enduit frais; c'est un mortier de chaux, mêlée de sable très fin et de *pouzzolane*, c'est-à-dire d'une matière qui fait durcir peu à peu le mortier.

Les couleurs sont délayées à l'eau pure et pénètrent dans l'épaisseur de l'enduit pendant qu'il est encore mou. Les retouches sont impossibles. On ne doit préparer que la surface nécessaire pour le travail du jour; en effet, la couleur ne *prendrait* plus sur le mortier durci; ce serait un simple *badigeon* qui ne résisterait pas au plus léger frottement.

On ne peut employer pour ce genre de peinture que des couleurs résistant à la chaux : ocres, jaune de cadmium, bleus d'outremer et de cobalt, vert de chrome, noir et blanc.

Les grands artistes de la Renaissance, Raphaël, Michel-Ange, nous ont laissé d'admirables fresques : mais ce genre a été complètement délaissé, à cause des facilités qu'offre la peinture à l'huile.

Il a été plus d'une fois nécessaire d'enlever une peinture à fresque et de la fixer sur une toile. Ce travail difficile s'exécute de la manière suivante :

On colle sur la peinture une feuille de papier souple et solide, plus une toile à treillis (sorte de canevas grossier). Ce collage se fait à l'aide d'un mélange de colle de pâte et de gélatine (colle forte).

Quand la colle est sèche, on détache peu à peu l'enduit de la muraille à l'aide d'un ciseau et d'un maillet; cet enlevage doit être fait sur une épaisseur aussi faible que possible.

A mesure que le travail s'avance, on enroule la toile avec la peinture sur un rouleau de très grand diamètre, pour éviter les cassures.

On déroule ensuite la toile et on l'applique sur un dallage parfaitement uni. On use avec précaution l'enduit qui forme l'envers de la peinture. Enfin on colle sur une toile neuve à l'aide d'un mélange de céruse et d'huile de lin cuite.

Quand ce collage est parfaitement sec, on mouille avec de l'eau la toile à treillis ainsi que le papier; le tout, bien imprégné d'eau, se détache très facilement, et la fresque est fixée définitivement sur la toile.

C'est d'ailleurs par un procédé tout semblable qu'on *rentoile* les vieux tableaux.

Si l'on voulait faire revivre la peinture à fresque, on emploierait des enduits de ciment Portland, dont la prise ne s'effectue qu'au bout de plusieurs heures et même d'une journée; on se servirait de couleurs très stables inconnues des anciens artistes, bleu de cobalt, jaune de cadmium, vert de chrome, etc.

2° PEINTURES A LA DÉTREMPE OU A LA COLLE.

Ces peintures ne peuvent servir qu'à la décoration intérieure des appartements; elles ne supportent pas la moindre humidité.

On emploie de la *colle de peau* (ou toute autre

colle forte) qu'on a fait gonfler dans l'eau froide avant de la dissoudre dans l'eau chaude.

Les couleurs appliquées à la colle prennent un ton mat très décoratif et résistent assez bien au frottement. La première couche doit être donnée très chaude, avec de la colle presque pure; les suivantes doivent être de moins en moins chaudes, autrement les premières couches seraient attaquées et les coups de pinceau deviendraient visibles.

Les *papiers peints* sont imprimés avec des couleurs délayées à la colle; ce sont de vraies *peintures en détrempe*. L'impression se fait avec des planches ou des rouleaux gravés en relief qui impriment jusqu'à vingt couleurs en même temps sur du papier continu, à l'aide de machines extrêmement ingénieuses.

Originaire de la Chine et du Japon, l'industrie des papiers peints s'est développée à Paris, au siècle dernier. De là elle s'est répandue dans le monde entier; mais les fabricants français tiennent encore la tête de cette belle industrie. Une grande partie des fabriques étrangères ne fait que copier les dessins français, d'une façon très médiocre et avec des matières de qualité inférieure.

5° PEINTURES A L'AQUARELLE. — MINIATURES.

Les couleurs sont délayées à l'eau additionnée d'un peu de gomme.

15

On emploie des *couleurs en pains*; ce sont des couleurs qui ont été broyées avec de l'eau gommée contenant un peu de sucre, puis moulées et séchées.

Quand on frotte le pain de couleur avec de l'eau sur une assiette ou un godet, la couleur se délaye facilement. Il faut avoir soin d'essuyer le pain de couleur après chaque délayage, pour éviter le fendillement.

A l'imitation des Anglais, les aquarellistes emploient beaucoup maintenant les couleurs dites *moites*; ce sont des couleurs en pâte molle, additionnée souvent d'un peu de glycérine pour les empêcher de sécher trop vite et enfermées dans des petits tubes de plomb comme les couleurs à l'huile.

Cet usage est devenu général, et cela se comprend, car le peintre n'a plus à s'occuper du délayage.

Les *blancs* de l'aquarelle sont toujours obtenus en réservant le blanc du papier; c'est une des difficultés du genre.

On emploie surtout des couleurs transparentes qui donnent, entre les mains d'artistes habiles, les plus heureux effets.

La *miniature* est une sorte d'aquarelle, mais l'artiste, au lieu d'employer des *touches larges* et des tons *fondus*, procède plutôt par *pointillés*. Dans les miniatures du moyen âge, on a souvent obtenu les principaux effets par des épaisseurs, de sorte que ce genre de peinture est intermédiaire entre l'aquarelle et la gouache.

4° PEINTURE A LA GOUACHE.

Dans ce genre de peinture, on ne fait usage que des couleurs mates. Les tons transparents sont appliqués sur une épaisseur assez grande pour qu'ils paraissent opaques. Au lieu de réserver les blancs, on les produit par des *rehauts* (ou des *empâtements*) de blanc.

Les couleurs ne doivent pas être brillantes; aussi on n'emploie que très peu de gomme pour les délayer, seulement la quantité nécessaire pour les empêcher de se détacher du papier.

Les papiers peints sont donc de véritables *gouaches*.

Au siècle dernier (et même jusque vers 1830), les Italiens avaient mis à la mode la peinture à la gouache. Elle n'est plus guère employée que pour les dessins industriels (modèles pour papiers peints, etc.).

5° PEINTURE AU PASTEL. — CRAYONS DE COULEURS. — CRAYONS NOIRS.

Les *pastels* sont des crayons de nuances variées fabriqués avec beaucoup de soin. On les prépare en délayant des couleurs avec de l'eau d'orge ou du lait et laissant sécher à une très douce chaleur. Le plus souvent, les couleurs sont largement additionnées de blanc.

Une peinture (ou plutôt un *dessin*) au pastel produit un effet artistique tout à fait extraordinaire, quand l'auteur est un artiste hors ligne; tels sont les admirables portraits de Latour, au siècle dernier; telles sont encore les œuvres de plusieurs pastellistes contemporains.

La palette est devenue beaucoup plus riche; Latour ne connaissait pas le bleu de cobalt, les laques de garance foncées, le jaune indien, le jaune de cadmium, le vert de chrome, etc., qui permettent d'obtenir des tons si riches, si solides et si variés.

Un pastel doit toujours être conservé sous un verre. On a essayé de *fixer* le pastel comme on fixe le fusain à l'aide d'un vernis lancé par un *pulvérisateur* ou appliqué à l'envers. Mais le pastel perd ainsi la plus grande partie de ses qualités; au lieu de rester brillant et léger, il paraît dur et *embu*.

On fabrique des crayons de couleur beaucoup plus durs que les pastels : ils sont enchâssés dans du bois et on s'en sert comme de crayons ordinaires pour faire des dessins d'un aspect assez artistique. Certains fabricants préparent des crayons de telle sorte qu'on puisse *laver* le dessin avec un pinceau; on peut combiner ainsi les effets du dessin en diverses couleurs avec ceux du lavis.

Quant aux crayons noirs, le *fusain* n'est autre chose que du charbon fait avec de menues branches de fusain (ou même de saule ou de tremble), et les *crayons à dessin* (*crayons Conté*) sont fabriqués avec des mélanges d'argile fine, de noir de fumée et de *graphite* calcinés en vases clos à des températures convenables. Les Anglais avaient le monopole de cette fabrication : mais un illustre savant et industriel français, Conté (né en 1755, mort en 1805), leur enleva ce monopole, et les *crayons Conté* sont depuis longtemps exportés en tout pays.

Les crayons dits de *mine de plomb* ne contiennent pas trace de plomb. Ils sont fabriqués avec une variété de charbon qu'on trouve dans les terrains les plus anciens et qu'on désigne sous le nom de *graphite, plombagine* ou *mine de plomb*, à cause des traces grises qu'elle donne sur le papier, à la manière du plomb.

Le graphite n'est donc pas une matière vénéneuse, comme on le croit souvent à tort.

Les Anglais possèdent une mine d'excellent graphite à Borrowdale (Cumberland); elle est presque épuisée maintenant. Mais un Français, Alibert, a heureusement découvert en Sibérie un gisement de graphite de première qualité. Il a fondé une exploitation qui alimente la plupart des fabriques de crayons.

En France, nous avons aussi du graphite, mais de qualité si médiocre qu'on ne l'emploie guère que pour donner du brillant aux objets de fonte.

Pour fabriquer les crayons, on débite à la scie

les masses de graphite, de manière à former de petits prismes qu'on enchâsse dans du bois. Le plus souvent, le graphite est broyé, purifié, mis en pâte et façonné en prismes ; on fait varier la dureté du crayon en modifiant un peu la composition de la pâte.

6° PEINTURES A L'HUILE.

Il est à peu près certain que la peinture à l'huile était déjà connue au moyen âge, mais ce sont les travaux des frères Van Eyck qui l'ont rendue tout à fait pratique ; de sorte qu'on attribue d'ordinaire la découverte de la peinture à l'huile à Jean Van Eyck (dit *Jean de Bruges*), né en 1386, mort en 1440.

Dès le commencement du quinzième siècle, le procédé de Jean de Bruges se propagea très rapidement ; d'autant plus que les tableaux du jeune peintre étaient des œuvres de premier mérite, comme on peut en juger par les *Noces de Cana* et la *Vierge couronnée par un ange*, que possède le Musée du Louvre.

Ce grand artiste découvrit que l'huile de lin, l'huile de noix (et les autres huiles dites *siccatives*) sèchent beaucoup plus vite quand on les a fait bouillir et qu'on les mélange avec de l'essence. Cette pratique fort simple a seule permis d'employer la peinture à l'huile pour les œuvres d'art ; à l'état naturel, les huiles ne sèchent jamais assez vite, et il serait impossible de revenir sur les premières couches, sinon au bout de plusieurs semaines.

La préparation des huiles se fait très en grand pour les usages industriels et même pour la peinture d'art. On rend les huiles de lin très siccatives en les faisant *cuire* avec de la litharge ou avec du peroxyde de manganèse quand on tient à ne pas y introduire du plomb.

On fabrique aussi des *siccatifs* (liquides ou solides) (*siccatifs de Harlem, du Nord, zumatique*, etc.) dont une petite quantité suffit pour rendre une huile siccative, même quand on l'emploie à l'état naturel.

Pour les œuvres d'art on fait usage d'huile d'*œillette* (de pavot), parfaitement purifiée et aussi incolore que possible. On se sert aussi d'huile de lin ou d'huile de noix. L'*huile grasse* doit être employée avec modération, autrement les couleurs sécheraient trop vite et seraient sujettes aux craquelures.

Les couleurs sont broyées à l'huile d'œillette et enfermées dans ces tubes de plomb que tout le monde connaît et qui ont remplacé complètement les *nouets* de vessie dans lesquels les artistes conservaient leurs couleurs il y a quarante ans.

Pour les peintures en bâtiments, on emploie des couleurs broyées à l'huile de lin cuite. Au moment de s'en servir, on les délaye avec de l'essence de térébenthine et du *siccatif*. Pour les boiseries, la première couche (dite *couche d'impression*) est donnée avec de l'huile presque pure, de façon qu'elle puisse pénétrer dans les moindres fissures du bois. Quand l'impression est presque sèche, on *rebouche* avec du mastic à la craie (ou mieux à la céruse); puis on donne la seconde et la troisième couche. Pour le blanc de zinc, une quatrième couche est nécessaire.

Pour les peintures très soignées, chacune des couches est *poncée* (polie à la pierre ponce); telles sont les peintures des équipages de luxe.

Les tableaux sont recouverts d'un vernis spécial composé de copal tendre et d'essence de térébenthine.

Pour les peintures en bâtiments, le vernis consiste le plus souvent en une solution de résine commune (colophane) dans l'huile de lin mêlée d'essence. Mais pour les équipages on emploie d'excellents vernis au copal dur qui résistent longtemps au frottement; c'est ce qu'on nomme les *vernis anglais* pour équipages (même quand ils sont fabriqués en France).

La fabrication des vernis est un art difficile; chaque vernis doit être approprié à tel ou tel usage; on les colore souvent par des matières transparentes (gomme-gutte, safran, couleurs d'aniline, etc.).

Pour les peintures en bâtiments les plus communes on mélange souvent le vernis avec la dernière couche de peinture, afin de diminuer la main-d'œuvre.

On a fait d'innombrables essais pour remplacer la peinture à l'huile par des préparations moins coûteuses, séchant plus vite, sans odeur, etc. On a obtenu de bons résultats avec l'oxychlorure de zinc et surtout avec le silicate de potasse : mais toutes les couleurs ne résistent pas au silicate ; et, jusqu'à présent, ce genre de peinture ne peut être employé que dans des cas spéciaux.

7° IMPRESSIONS AUX ENCRES GRASSES.

Les impressions de ce genre se rattachent à la peinture à l'huile ; elles comprennent trois grandes divisions.

Typographie. — C'est l'*imprimerie* proprement dite, qui emploie des *types* ou caractères mobiles, ainsi que des gravures sur bois ou des *clichés* en relief comme les caractères.

L'encre à l'usage des typographes n'est autre chose que du noir de fumée parfaitement broyé avec de l'huile de lin cuite, *dégraissée* par un procédé spécial. L'*encre à vignettes* est préparée avec des soins tout particuliers.

On peut d'ailleurs employer des encres de couleurs, par exemple remplacer le noir de fumée par du vermillon ou de l'outremer.

L'encre typographique est absolument *indélébile* ; il est impossible de l'enlever sans détruire ou tout au moins sans attaquer très sensiblement le papier.

Le papier, légèrement humide, est fortement pressé contre les caractères garnis d'encre. Aussitôt l'encre quitte l'*œil* de la lettre et pénètre assez profondément dans le papier.

Quand les feuilles imprimées sont bien sèches, on peut les *glacer* (ou même les *satiner*) en les faisant passer au laminoir entre des feuilles de zinc bien poli. Le *foulage* produit par l'impression disparaît; c'est ainsi qu'on donne aux éditions de luxe le bel aspect si estimé des amateurs.

Chalcographie ou impression en taille-douce. — Ce bel art est fondé sur un principe tout opposé à celui de la typographie.

On creuse une planche de cuivre ou d'acier soit à l'*eau-forte*, soit à l'aide du *burin*. On étale de l'encre d'impression à la surface de la planche, et on l'essuie bien exactement avec une lame élastique, de manière à ne laisser de l'encre que dans les traits de la gravure.

Une feuille de papier humide est alors appliquée sur la planche et le tout est passé à la presse. Le papier absorbe l'encre, car il est forcé de pénétrer dans les moindres creux. Les traits sont d'autant plus noirs qu'ils correspondent à des *creux* plus profonds.

L'encre typographique ne donnerait que de mauvais résultats pour la taille-douce; elle serait trop tenace et ne quitterait pas facilement les traits creux.

Le noir de fumée doit être remplacé par un noir dit de *Francfort* ou d'*Allemagne*, fabriqué avec diverses matières végétales calcinées en vases clos.

Les planches gravées s'usent assez rapidement par le fait du tirage; les premières épreuves (dites *avant la lettre*) sont toujours les plus recherchées quand il s'agit de gravures de prix. Le Musée du Louvre possède une belle collection de planches dues à de célèbres graveurs; à la *Chalcographie* du Louvre, le public peut acheter des épreuves, comme des moulages ou des réductions à l'Atelier de moulage.

Quand il s'agit d'une œuvre de prix, on ne tire plus sur la planche originale, mais sur une reproduction identique obtenue par la *galvanoplastie*. C'est ce qu'on fait notamment pour les cartes d'état-major.

Depuis longtemps on a produit de belles impressions en couleurs à l'aide de plusieurs tirages successifs exactement *repérés* sur une même feuille. Avec quatre tirages (noir, jaune, rouge, bleu) on obtient toutes les nuances désirables par superposition.

Lithographie. — Cette belle invention est due à Senefelder, de Prague (né en 1771, mort en 1834). Elle repose sur le principe suivant :

On dessine avec un crayon gras sur une pierre calcaire à grain fin, bien dressée et *grenée* avec du sable fin; car, si elle était polie comme un marbre, le crayon ne *mordrait* pas suffisamment.

On passe sur la pierre une eau gommée contenant un mélange d'acides nitrique et chlorhydrique. La pierre est attaquée par l'acide, excepté dans les endroits recouverts par le dessin.

On efface ensuite le dessin à l'essence de térébenthine et on nettoie la pierre.

En passant un rouleau garni d'encre d'impression, les traits du dessin prennent seuls l'encre grasse, qui ne peut adhérer au fond mouillé par l'acide.

On applique alors une feuille de papier (qui n'a pas besoin d'être humide comme pour l'impression ordinaire); on presse, l'encre quitte le dessin pour se porter sur le papier.

On encre de nouveau, et ainsi de suite.

Il est nécessaire d'effacer le dessin avant d'encrer pour la première fois, car les traits déliés *s'écraseraient* sous le rouleau et l'épreuve serait empâtée.

Le *crayon lithographique* est un mélange de suif, de cire, de gomme laque, de savon et de noir de fumée. L'*encre lithographique* s'obtient en délayant avec précaution du crayon dans de l'eau pure.

Quant à l'encre usitée pour le tirage, elle est analogue à l'encre typographique, mais on y ajoute beaucoup de résine; elle *quitte* la pierre si complètement que souvent il n'en reste pas du tout à la surface de la pierre.

Pour les tirages en couleurs nécessaires à la *chromolithographie*, les encres sont préparées avec des mélanges d'huile de ricin, de térébenthine de Venise et de cire blanche.

Les *chromos* offrent de précieuses ressources pour l'enluminure des cartes géographiques, et pour les figures coloriées à l'usage des sciences et des arts. Comme on abuse toujours des meilleures choses, la chromolithographie sert à multiplier les images les plus grossières et les réclames les plus ridicules.

La *zincographie* est un art tout nouveau dans lequel on remplace la pierre lithographique par une feuille de zinc poli. On réalise ainsi de grandes économies et on peut aisément garder en dépôt des centaines de feuilles de zinc, ce qui serait difficile et coûteux pour des pierres lithographiques.

On *transporte* aisément sur une pierre lithographique ou sur un zinc une épreuve obtenue par un mode quelconque d'impression. C'est ainsi qu'on fait des tirages sur pierre de la carte de l'état-major, etc.

L'*autographie* consiste à écrire ou dessiner avec une encre spéciale sur du papier de Chine imprégné d'empois. On transporte sur une pierre ou un zinc et on tire à la manière ordinaire. Le grand avantage, c'est qu'on peut écrire comme d'habitude et non pas *à l'envers* comme fait le lithographe qui travaille directement sur la pierre.

A l'aide de procédés fort ingénieux on transporte les photographies sur pierre lithographique, ou bien on les transforme en reliefs typographiques; ou enfin la photographie se change en *photogravure*, avec des creux pareils à ceux de la taille-douce.

De sorte que les trois principaux modes d'impression peuvent servir à tirer des épreuves durables (et en nombre indéfini) d'un même *cliché* photographique.

8° IMPRESSIONS SUR TISSUS.

L'industrie des tissus imprimés s'est développée d'une façon merveilleuse depuis le commencement du siècle.

Elle a pris naissance dans les Indes, dès la plus haute antiquité. Les anciens Égyptiens fabriquaient des toiles imprimées, ou plutôt des *toiles peintes*, car les *mordants* étaient appliqués au pinceau.

C'est ce qui est indiqué nettement dans un passage de Pline (*Histoire naturelle*, livre XXXV, ch. XLII) :

« En Égypte, on peint jusqu'aux habits, par un procédé des plus merveilleux. Pour cela, on se sert d'un tissu blanc sur lequel on applique, non pas des couleurs, mais des substances sur lesquelles mordent les couleurs. Les traits ainsi formés sur le tissu ne se voient point; mais, quand on l'a plongé dans la chaudière, on le retire au bout d'un instant chargé de dessins, et ce qu'il y a de plus remarquable, c'est que, bien que la chaudière ne renferme qu'une seule matière colorante, le tissu prend des nuances diverses; les teintes varient selon la nature de la substance qui s'imprègne de couleur; ces teintes ne peuvent s'effacer par l'eau. »

A cette époque reculée, on connaissait donc l'usage des mordants et des principales matières colorantes, comme la garance et les autres rubiacées originaires de l'Inde, etc. Mais, dans tout l'Orient, l'art des toiles peintes est resté dans l'enfance, à ce point qu'à Java on fabrique encore des toiles peintes en couvrant le tissu d'une couche de cire, qu'on enlève par places avec un poinçon, de manière à former un dessin qui devient apparent si l'on teint en bleu d'indigo, par exemple : la cire formant alors ce qu'on appelle une *réserve*. Après la teinture, les ouvrières remettent de la cire sur les parties teintes, l'enlèvent sur d'autres parties qui doivent prendre une autre couleur, etc.

C'est par la Hollande que les toiles peintes de l'Inde (improprement nommées *toiles de Perse*) ont pénétré en Europe. Ce sont aussi les Hollandais, puis les Suisses et les Alsaciens, qui ont commencé à imiter ce genre de fabrication.

L'origine de la fabrication des indiennes remonte à 1746 pour Mulhouse et à 1759 pour Rouen et les environs. Les fabricants de tissus blancs ou teints de couleurs uniformes, ainsi que les producteurs de tissus façonnés, combattirent la nouvelle industrie par tous les moyens imaginables. Elle prospéra, malgré toutes les résistances, en France, en Angleterre et même en Russie, où l'on a établi de très importantes fabriques. A partir de 1834, on imprima, non seulement les tissus de coton, mais les étoffes de laine et de soie ou des tissus mélangés.

On imprime les tissus par deux procédés principaux :

1° Avec des planches de bois gravées en relief et portant, pour les parties les plus fines du dessin, des *picots* ou des *lamelles de cuivre* ou des *clichés* d'alliage fusible. L'impression se fait à la main ou à l'aide d'une machine fort ingénieuse. la *perrotine*, qui imprime plusieurs couleurs, au moyen d'un nombre égal de planches d'une longueur égale à la largeur du tissu.

2° Avec des rouleaux de cuivre gravés en creux, comme les planches de cuivre pour la *taille-douce* ou l'*eau-forte*. Le rouleau tourne dans une auge remplie de couleur épaissie au point convenable : une *racle* (lame de métal très élastique) enlève toute la couleur excédante, de manière à n'en laisser que dans les creux. Le tissu est fortement pressé contre le rouleau et s'imprègne de la couleur qui est restée dans les creux du dessin.

On construit de merveilleuses machines portant jusqu'à seize rouleaux qui impriment chacun une couleurs péciale. Toutes ces couleurs *tombent* chacune à la place indiquée par le dessin, sans qu'il y ait le moindre empiètement.

Les pièces à imprimer sont cousues les unes à la suite des autres : le travail continue indéfiniment et les pièces sortent de la machine complètement terminées.

Il suffit alors de les soumettre à l'action de la vapeur pour *fixer* les couleurs par une sorte de teinture.

C'est par centaines de mille mètres qu'il faut compter la production journalière des grandes fabriques d'indiennes, qui exportent leurs produits jusque dans l'extrême Orient.

Jusque dans ces dernières années, on imprimait beaucoup de *mordants*, pour les indiennes grand teint : *mordant de rouge* (acétate d alumine) ; *mordant de noir* (acétate de fer) ; ou des mélanges de ces mordants. Il fallait ensuite *fixer les mordants, dégorger* et *bouser* le tissu.

Par une seule teinture en garance, on obtenait sur une même pièce les couleurs suivantes : rouge rose, violet foncé, puce et noir.

Comme on a remplacé la garance par l'*alizarine artificielle* qui est d'un emploi bien plus facile et plus économique, on imprime la couleur avec son mordant, on *vaporise*, on lave et on sèche le tissu. La fabrication est grandement simplifiée et les couleurs sont aussi solides que par le passé.

De plus, les effets sont beaucoup plus variés, car on peut associer aux couleurs imprimées directement avec leurs mordants des couleurs minérales insolubles épaissies à l'*albumine* (blanc d'œuf purifié.

Ces couleurs insolubles sont principalement le *gris de charbon* (noir de fumée), l'*outremer*, le *vert Guignet*, le *carmin de cochenille*, etc.

Enfin le *noir d'aniline*, qui est absolument fixe quand on le produit sur les toiles de coton ou autres tissus végétaux, d'autres couleurs d'aniline, des laques diverses, etc., peuvent s'imprimer en même temps que les matières précédentes.

Le fabricant dispose ainsi de la plus riche palette et peut exécuter dans de bonnes conditions les magnifiques tissus pour meubles si justement appréciés dans tous les pays : même au Japon, car les marchands de cette contrée nous envoient leurs commandes avec leurs dessins enluminés très soigneusement (dragons d'un jaune vif, avec flammes rouges, sur fond noir, etc.)

9° PEINTURES EN COULEURS VITRIFIABLES, SUR VERRES, POTERIES, ÉMAUX, ETC.

Le verre ordinaire, le cristal, etc., peuvent être colorés des plus vives couleurs quand on ajoute différents oxydes métalliques au mélange destiné à la fusion.

Avec l'oxyde de cobalt on obtient un bleu tellement foncé qu'il paraît noir si l'on force un peu la proportion d'oxyde.

L'oxyde de manganèse colore le verre en violet;

Le peroxyde de fer, en brun jaune : exemple, les bouteilles de vin du Rhin;

L'oxyde de fer magnétique, en vert foncé (bouteilles ordinaires).

Le sous-oxyde de cuivre, en rouge très intense (rouge des anciens vitraux).

Le protoxyde de cuivre, en vert.

L'oxyde d'urane, en vert jaune.

Le chlorure d'argent, en jaune très vif.

Le *pourpre de Cassius* (préparation d'or) en violet rouge et en rose.

Tels sont les principaux éléments de la fabrication des verres colorés.

Si l'on ajoute au verre une matière blanche et opaque (oxyde d'étain, os calcinés, etc.), on le change en *émail*. Ce qui distingue les émaux des verres proprement dits, c'est donc l'opacité; on obtient d'ailleurs des émaux de couleur variable, par les procédés indiqués plus haut.

Les couleurs vitrifiables sont généralement des émaux colorés qu'on a réduits en poudre fine et qu'on applique sur le verre et la porcelaine, etc., après les avoir délayés avec de l'essence de térébenthine.

Les objets peints sont alors chauffés au rouge dans une sorte de boîte de terre cuite désignée sous le nom de *moufle*. Les couleurs fondent et adhèrent fortement à la surface du verre ou de la poterie, de sorte que les peintures en couleurs vitrifiables se conservent indéfiniment sans s'altérer.

Les métaux très divisés (or, argent, platine) se fixent à l'aide d'un *fondant* (sorte de verre fusible). Après la cuisson, les métaux ont un aspect mat; il est nécessaire de les polir avec le *brunissoir*. Quand on réserve des parties mates qui forment ornement, on dit qu'on *brunit à l'effet*.

Les fabricants de couleurs vitrifiables préparent avec beaucoup d'habileté les couleurs destinées aux divers modes de peinture; et même la composition de leurs produits varie avec le degré de cuisson.

C'est ainsi que les couleurs pour porcelaine se distinguent de cette manière :

Couleurs de grand feu, qui supportent la température de 1400 degrés nécessaire à la cuisson de la porcelaine.

Couleurs ordinaires.

Couleurs demi-grand feu ou *couleurs de moufle dures.*

Les artistes du seizième siècle ont exécuté de fort belles peintures en couleurs vitrifiables sur des métaux recouverts d'émail : tels sont les fameux *émaux de Limoges.*

Il est nécessaire de rappeler que les plus beaux effets obtenus par les habiles peintres-verriers du treizième siècle résultent de l'heureux choix des verres colorés et de l'harmonie des couleurs plutôt que de l'exécution de la peinture; le plus souvent, les détails importants, même dans les figures, sont indiqués par des traits noirs, hardiment et ingénieusement placés.

Tout au contraire, nos vitraux modernes sont de véritables peintures, souvent très remarquables; ces œuvres se rapprochent bien plus des vitraux de la Renaissance que des verrières du treizième siècle.

10° IMPRESSION EN COULEURS VITRIFIABLES.

On imprime sur un papier mince un sujet quelconque à l'aide d'une couleur vitrifiable délayée avec du vernis.

L'épreuve est fortement pressée à l'aide d'une roulette sur la pièce de verre, de porcelaine, etc.

On enlève le papier; l'impression reste adhérente

à la surface de la pièce à décorer. Il suffit ensuite de passer au feu de moufle comme à l'ordinaire.

C'est ainsi que depuis longtemps on applique sur porcelaines des dorures fort compliquées. Les faïences fines sont aussi décorées par voie d'impression.

Un fabricant des plus habiles, M. Haviland, obtient sur porcelaine des sujets multicolores d'un effet très artistique au moyen de vernis ou mordants qu'on imprime successivement et que l'on *poudre* avec des couleurs spéciales avant la dessiccation complète. On passe au feu de moufle.

Par superposition, on produit des teintes fort variées; ces impressions colorées ressemblent tellement à des peintures qu'il faut les regarder de fort près pour constater la différence.

XXVI

LA DÉCORATION POLYCHROME

Chez tous les peuples civilisés, les plus anciens édifices ont été ornés de peintures, souvent disposées par simples teintes plates, mais quelquefois très heureusement choisies.

Telle a été la décoration polychrome dans toutes les architectures primitives : mais l'art s'est transformé peu à peu, au point d'admettre une ornementation de plus en plus riche.

Aux époques de décadence, les ornements deviennent d'une complication de mauvais goût, qui ne s'harmonise pas avec les grandes lignes de l'architecture. La décoration polychrome fait place à la peinture murale : et bien souvent cette peinture est exécutée dans de telles conditions qu'elle nuit à l'effet général de l'édifice.

Les temples égyptiens, assyriens, grecs et romains étaient ornés à l'intérieur (et souvent même à l'extérieur) de peintures ou de mosaïques, de terres cuites émaillées, etc. L'étude des ruines l'a démontré jusqu'à l'évidence. Les temples grecs n'avaient donc pas l'aspect triste et froid des imitations modernes, répétées jusqu'à satiété et même bien au delà.

La planche XVI représente une partie du célèbre temple d'Égine restauré par M. Charles Garnier, architecte de l'Opéra. Le même artiste a bien voulu nous autoriser à reproduire (dans la pl. XVII) des spécimens de décoration extérieure d'une maison romaine, d'après les aquarelles faites par lui-même à Pompéi.

Dans la restauration de certains monuments du moyen âge, on a largement employé la décoration polychrome (Sainte-Chapelle, Saint-Germain-des-Prés, etc.); les effets obtenus sont fort souvent admirables.

A l'Exposition universelle de 1889, la polychromie a régné sans contestation. Plusieurs parties semblaient d'un goût bizarre : cela tient certainement à ce que nos yeux ont perdu l'habitude des décorations en couleur. On a quelque peine à admettre des charpentes de fer café au lait ou d'autres bleu de ciel clair : mais il était vraiment impossible de peindre ces charpentes avec leur couleur naturelle, c'est-à-dire en gris de fer; l'aspect général eût été triste et monotone.

Nous finirons par accepter la polychromie, pourvu qu'elle n'emploie que des tons agréables, habilement associés.

Temple d'Egine
(Restauration par M. Charles Garnier)

Peintures de Pompéi
(Dessin de Mᵉ Charles Garnier)

Les étrangers sont d'ailleurs beaucoup moins sévères que nous ; ils admirent volontiers les villas rose vif, avec des persiennes d'un vert éclatant, comme celles qui bordent le lac de Constance ; et même les maisons jaune orangé, avec des persiennes lilas comme on en voit à Fribourg-en-Brisgau, Rio-de-Janeiro, etc.

Dans la plupart des constructions modernes, la décoration polychrome a été reléguée à l'intérieur : elle a pris la forme industrielle et économique par-dessus tout, celle du papier peint, qu'on pourrait appeler la *polychromie du pauvre* ; imitant à volonté le velours et la soie, la tapisserie et le cuir de Cordoue.

La mosaïque, les vitraux de couleur, les tapisseries sont des moyens de décoration polychrome tout à fait artistiques, auxquels on reviendra toujours quand il s'agira de créer des œuvres durables et dignes de l'admiration de la postérité.

XXVII

LA MOSAÏUE

L'antiquité grecque et romaine nous a laissé des mosaïques admirables, véritables œuvres d'art, sans parler d'une multitude d'ouvrages d'ornementation courante, employés pour le *pavement* des édifices.

Suivant l'excellente définition de Ghirlandaio, *la mosaïque est la vraie peinture pour l'éternité*[1].

La mosaïque s'exécute avec des petits cubes de marbres ou autres pierres dures de diverses couleurs ; ou encore avec des terres cuites colorées ; mais, le plus souvent, avec des *smaltes* : ce sont des cubes d'émaux colorés dont les nuances peuvent varier à l'infini. Certains smaltes sont recouverts d'une feuille mince et brillante d'or ou d'argent, couverte elle-même d'une couche de verre transparent : les verriers de Murano (faubourg de Venise) excellaient dans la fabrication de ces smaltes, d'une réussite fort difficile.

1. *La mosaïque*, par Gerspach — Paris. Quantin, éditeur.

A Rome, on emploie, dit-on, plus de vingt-cinq mille nuances diverses. Mais on peut créer de fort belles mosaïques avec un nombre de couleurs beaucoup plus restreint; en effet, le mosaïste ne doit pas travailler comme le peintre : il doit procéder par contours nets et par tons sobres, savamment juxtaposés; en évitant les effets de *fondus*, de *glacis*, etc.

Telles sont les véritables traditions de la mosaïque, qui est, avant tout, un art de décoration fantaisiste, fort éloigné de la reproduction exacte des objets naturels.

L'éminent directeur des Gobelins, M. Gerspach, s'est appliqué avec beaucoup de succès à faire revivre ces traditions dans l'École de mosaïque fondée à Paris, dont on a pu admirer de fort belles productions à l'Exposition de 1889.

La même école a créé la magnifique mosaïque qui orne la voûte hémisphérique de l'abside du Panthéon.

Ce bel ouvrage a été fait d'après une composition de M. Hébert, qui réunit la sobriété du coloris à un dessin très correct, d'une inspiration calme et simple, mais en même temps très élevée.

Le sujet se compose de cinq personnages plus grands que nature : c'est le *Christ révélant à l'ange de la France les destinées de son peuple.*

Les motifs d'ornement sont du meilleur goût : les modèles sont dus à M. Galland, qui jouit d'une réputation incontestée dans l'art de la décoration.

La mosaïque du Panthéon représente le véritable type de la mosaïque moderne ramenée aux saines traditions de la bonne époque, trop souvent méconnues depuis deux cents ans.

Dans les salles de l'*Histoire du travail* (Exposition de 1889). on remarquait notamment le portrait du célèbre franciscain Camerino, mosaïste du treizième siècle. Ce travail est reproduit en grisaille, dans la planche XVIII : il a été exécuté d'après un *estampage* fait sur place, dans l'église de Saint-Jean de Latran, à Rome.

Pour *estamper* une mosaïque, on applique sur toute la surface un papier fort et souple, préalablement ramolli par l'eau ; on frappe avec une brosse dure de manière à forcer le papier à pénétrer dans les moindres creux formés par les joints : puis on laisse complètement sécher et on détache le papier avec précaution.

L'estampage ainsi obtenu est colorié comme une gouache, avec des couleurs qui se rapprochent autant que possible de celles de la mosaïque. Il peut servir de modèle exact pour la reproduction du travail original.

Les maîtres mosaïstes nous ont laissé de véritables chefs-d'œuvre. D'une manière générale, voici comment s'exécute le travail :

On commence par préparer le mur avec un enduit de mortier hydraulique, qui doit être *rus-*

tiqué et non *poli*. Puis on applique une couche de plâtre de l'épaisseur même des smaltes. Ce plâtre doit être du plâtre *éteint* (ou mort), de manière qu'il offre très peu de résistance.

Le dessin de la mosaïque est tracé sur l'enduit de plâtre : on enlève la matière avec des outils tranchants et on fixe les smaltes dans les creux avec un peu de mortier hydraulique très fin (ou de ciment Portland, à prise lente).

Ce travail est long et pénible ; mais c'est le seul qui permette aux véritables artistes de développer les qualités dont ils sont doués.

On a imaginé en Italie une méthode abrégée dite *a rivoltatura*. Le dessin est exécuté sur une aire bien dressée : on pose les smaltes en les maintenant avec un peu de pouzzolane légèrement humide ; on colle du papier à la surface de l'ouvrage ainsi arrêté, puis on fixe au ciment le *panneau* obtenu de cette manière dans un creux de même dimension préparé dans l'enduit de plâtre, après avoir eu soin d'enlever la pouzzolane par le soufflage. Le papier collé est retiré ensuite par le lavage.

Pour les dessins d'ornement, qui se répètent un grand nombre de fois, on opère d'une façon qui est encore plus expéditive. Les smaltes sont posés *face vue* sur le dessin ; on les fixe à l'envers avec du ciment, et les panneaux solides ainsi obtenus sont mis en place comme précédemment.

Il ne faut pas croire que les mosaïstes procèdent toujours par teintes plates. C'est ainsi que les fonds bleus, si fréquemment employés dans les mosaïques, sont obtenus avec des smaltes de même *nuance*, mais de *tons* différents. L'aspect du fond devient ainsi moins cru, bien plus harmonieux ; il prend l'apparence du ciel bleu, dont l'intensité n'est pas la même dans toutes les parties, comme on peut le constater aisément par l'observation.

Les mosaïques au ciment ne peuvent être fixées qu'à la surface des murs ; mais les *mosaïques à l'huile* s'appliquent sur le bois aussi bien que sur les murailles. Le mastic employé a pour base l'huile de lin cuite ; il prend avec le temps beaucoup de dureté et se conserve indéfiniment.

Les mosaïques sont quelquefois soumises à un polissage complet. Dans ce cas, les *joints* des mosaïques à l'huile sont passés au fer chaud après le polissage ; les joints sont remplis d'un mastic de couleur convenable.

A Rome, on fait beaucoup de jolis ouvrages destinés à la bijouterie, mais sans grand mérite artistique : ce sont des mosaïques en miniature, exécutées avec de très petits morceaux d'émail coloré. On coupe ces morceaux sur de très fines baguettes d'émail de toute couleur.

Les architectes contemporains font souvent un heureux emploi de la mosaïque soit à l'intérieur, soit même à l'extérieur des édifices. C'est ce qu'à fait M. Charles Garnier à l'Opéra. On peut aussi remarquer de belles mosaïques sur les façades de plusieurs hôtels modernes, et même sur a façade postérieure de l'Hôtel de Ville de Paris.

Spécimen de mosaïque du treizième siècle.
Portrait du franciscain Camerino, mosaïste.

XXVIII

LES VITRAUX DE COULEUR

C'est du douzième au quatorzième siècle que l'art des vitraux a brillé de tout son éclat.

Un vitrail de couleur n'est pas un tableau transparent. Supposons une grande glace (sans *tain*) couverte d'une peinture exécutée avec des couleurs transparentes par un artiste de premier mérite; cette œuvre pourra être fort belle, mais elle produira un effet tout différent de celui des vitraux de la Sainte-Chapelle ou de Notre-Dame.

Le vitrail coloré peut se définir ainsi : une mosaïque transparente dont les effets doivent s'harmoniser avec ceux de l'édifice.

Les peintres-verriers du treizième siècle savaient employer très habilement les plombs d'assemblage (et même les fers des montures). Les lignes noires des plombs indiquaient par un dessin énergique et sobre les contours des figures et des ornements. Suivant leur importance relative, ces lignes variaient d'épaisseur : c'est ce qu'on peut remarquer sur les planches VII, VIII et IX qui représentent la disposition générale d'une *grisaille du treizième siècle, avec filets de couleur* (ancienne abbaye de Gercy). Cette admirable pièce est actuellement au Musée du vitrail (palais de l'Industrie, à Paris). Après l'*Exposition du vitrail* (en 1884), le Ministre de l'Instruction publique a autorisé M. Magne, architecte des monuments historiques, à recueillir et classer par ordre chronologique les parties non utilisées des anciens vitraux : de manière à en former un véritable musée d'enseignement annexé au Musée des arts décoratifs[1].

Comme nous l'avons dit précédemment, les artistes de la bonne époque n'avaient pas de *secrets* particuliers : toutes les couleurs qu'ils employaient nous sont bien connues, sous le rapport de la composition, mais ils les mettaient en œuvre d'une façon différente. Naïfs dans la forme, leurs procédés étaient souvent d'un raffinement extraordinaire, au point de vue de l'effet produit : par exemple, un verre bleu, de fabrication irrégulière, présentait-il des teintes inégales? L'artiste le découpait adroitement de manière à employer la partie la plus foncée pour l'ombre d'un vêtement; il disposait le verre de façon que les stries colorées représentaient les plis de l'étoffe.

---

1. Magne, *L'œuvre des peintres verriers français.* — Paris, Firmin-Didot.

Le verre rouge était fabriqué comme le nôtre, avec du sous-oxyde de cuivre (ou du cuivre métallique, suivant Ebell) disséminé en très petite quantité dans la masse du verre. Mais nos verres rouges sont des verres incolores, simplement *doublés* d'une feuille très mince de verre rouge; ceux du trei-

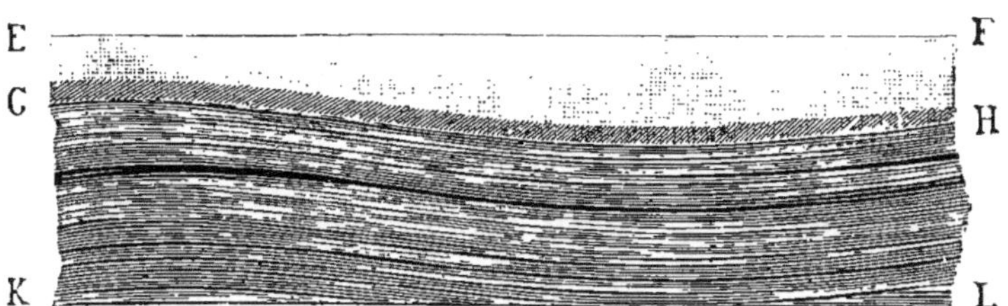

Fig. 35. — Verre rouge du treizième siècle à marbrures parallèles.

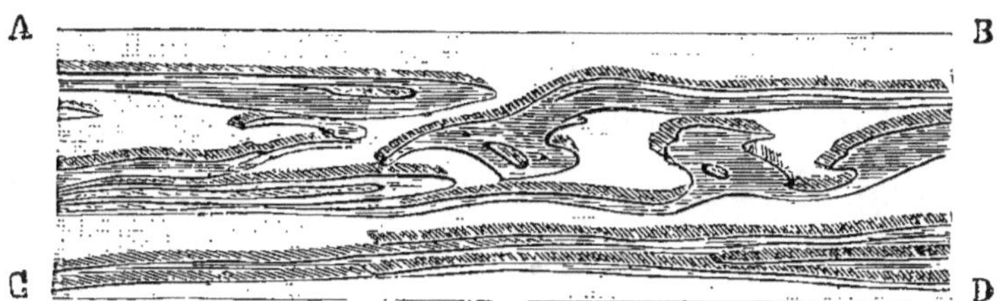

Fig. 36. — Verre rouge du treizième siècle à marbrures contournées.

zième siècle portaient à l'intérieur de nombreuses marbrures rouges tantôt parallèles, tantôt contournées sous forme de rubans plissés de la façon la plus capricieuse, comme l'indiquent les figures ci-dessus.

Deux verres, de composition différente, agissaient l'un sur l'autre de manière à produire du rouge sur toute la surface du contact. C'est un effet que peuvent très bien réaliser nos plus habiles fabricants de verres colorés, tels que MM. Appert à Clichy;

M. Henrivaux, sous-directeur de Saint-Gobain, a déjà produit des *verres marbrés* d'après ce principe; il a donné les compositions des deux verres les plus convenables pour cet usage.

On explique ainsi très facilement les magnifiques effets de lumière donnés par les verres rouges du treizième siècle. Suivant que les rayons lumineux traversent le verre dans telle ou telle direction, ils rencontrent des épaisseurs plus ou moins grandes de verre coloré; cette rencontre se fait d'ailleurs sous des *incidences* absolument variables. Au lieu d'un rouge uniforme et cru, le verre prend une teinte à la fois éclatante et douce, avec une sorte de *chatoiement* tout particulier. L'effet varie d'ailleurs avec l'inclinaison des rayons, autrement dit avec la hauteur du soleil au dessus de l'horizon. (Guigne et Magne.)

XXIX

LA TAPISSERIE.

Cette partie des arts décoratifs est contemporaine des premières civilisations.

La tapisserie primitive n'est autre chose qu'un véritable tissu de couleur : et les plus belles tapisseries des Gobelins sont encore exécutées de la même façon.

La *chaîne* est composée de fils de laine retordus, très solides. La *trame* est formée de fils non tordus, de diverses couleurs. Les fils de chaîne 1, 3, 5, 7.... sont séparés des fils 2, 4, 6, 8. . . . : Dans l'angle formé par ces deux séries de fils, l'artiste tapissier passe un fil de trame. Il change de couleur à volonté, même dans une seule *passe* ou *duite*, puis il serre la passe à l'aide d'un outil particulier et croise les fils de chaîne au moyen de deux *lisses* (ou *lames*) auxquelles sont attachées les deux séries de fils.

Pour la passe suivante, les fils 1, 3, 5, 7. . . . ont

donc pris la place des fils 2, 4, 6, 8. . . . , et l'on continue exactement de la même façon.

Pour les sujets très importants, on emploie le métier dit *à haute lisse*; pour les tapis d'ameublement on se sert du métier *à basse lisse*. De là deux noms différents donnés aux tapisseries des manufactures nationales des Gobelins et de Beauvais.

C'est par un procédé analogue qu'on tisse les magnifiques châles de Cachemire.

A l'aide du métier Jacquart (qui sert pour tous les tissus façonnés, de dessin un peu compliqué), on produit à bon marché des tapisseries (imitant à peu près le travail des Gobelins), ou bien des tapis veloutés pour la consommation courante.

Dans ce dernier cas, la trame forme une série de *boucles* qui sont ensuite coupées de manière à produire l'effet du *velouté*.

Comme pour la mosaïque, on a voulu exagérer les effets que peut produire la tapisserie.

Dès le temps de Louis XIV, on a créé de véritables chefs-d'œuvre de tapisserie, imitant exactement les tableaux : et encore actuellement, la manufacture des Gobelins réalise en ce genre de véritables tours de force.

Comme difficulté vaincue, ces tapisseries sont réellement admirables : d'autant plus que l'aspect d'un tableau de *laines colorées* est plus doux, plus harmonieux que celui d'un tableau peint à l'huile.

Mais il ne faut pas abuser de ce genre de travail,

au point de vouloir copier des tableaux quelconques.

Les modèles pour tapisserie doivent être exécutés en vue des moyens à la disposition des artistes tapissiers, comme on avait coutume de faire du temps de Louis XIV. Il ne faut pas oublier que la tapisserie est une sorte de mosaïque exécutée avec des laines de couleurs; que le dessin doit être sobre et bien arrêté, et qu'il ne faut pas multiplier les *fondus*, les *glacis*, etc.

Si l'on veut avoir une copie exacte d'un tableau, ce qu'il y a de mieux à faire, c'est de recourir à un peintre habile qui emploiera les moyens ayant servi pour créer l'original.

De plus, les copies de tableaux exécutées en tapisserie ne sont pas impérissables, tant s'en faut. Les insectes attaquent la laine et les meilleures couleurs passent à la lumière, surtout aux rayons directs du soleil. Dans les vieilles tapisseries, les carnations ne sont plus marquées que par les ombres; toutes les parties claires ont disparu. Les verts, formés de bleu et de jaune, sont devenus bleus, car l'indigo résiste beaucoup mieux que le meilleur jaune.

Quant aux tapisseries à l'aiguille, ce sont de véritables broderies en couleur, dont les effets sont bien inférieurs à ceux que donne le tissage, à moins que le canevas ne soit extrêmement fin. Pour atténuer l'apparence un peu dure qui résulte du *point carré* ordinaire, on emploie, pour des ouvrages très fins, le point dit *des Gobelins*; c'est la moitié du point ordinaire, autrement dit, un point qui n'est pas croisé. Mais ce genre de travail n'a rien de commun avec celui des Gobelins.

Aucune tapisserie à l'aiguille ne doit prétendre à imiter la peinture : c'est pourquoi les dessins d'ornement produisent toujours bien meilleur effet que les figures d'hommes et d'animaux. Quand celles-ci entrent dans un dessin, elles doivent prendre un caractère conventionnel, comme celui des figures de blason. C'est ainsi qu'une chimère, un griffon, un lion héraldique donneront à l'œil beaucoup plus de satisfaction que des animaux réels; ceux-ci paraîtront le plus souvent mal imités ou même absolument grotesques.

XXX

CONCLUSIONS GÉNÉRALES.

Les différents arts décoratifs, fondés sur l'emploi des couleurs, peuvent concourir à l'ornementation d'un même édifice, mais chacun d'eux doit garder son indépendance et les qualités qui lui sont propres.

Avant tout, il faut se garder de chercher à produire des *effets identiques par des procédés différents*; par exemple, on ne doit pas remplacer les bas-reliefs par des peintures en grisaille, comme les *trompe-l'œil* de l'intérieur de la Bourse. De même, il ne faut pas faire des tableaux avec la mosaïque et la tapisserie. Inversement, ce n'est qu'au théâtre qu'on peut admettre des toiles peintes imitant des tapisseries à personnages.

De plus, les effets décoratifs, même en les supposant bien réussis, ne doivent jamais se nuire les uns aux autres : un des effets doit toujours s'effacer devant celui qu'on veut faire valoir.

Ainsi, des tableaux de mérite ou même de vieilles faïences aux tons harmonieux ne seront jamais placés sur un papier de tenture à dessin tranché et à couleurs vives : mais sur un fond presque uni, de couleur un peu sombre.

Un tableau ne devra jamais figurer à côté d'une tapisserie à personnages.

Un groupe de bronze produira l'effet le plus choquant dans une pièce tendue de perse à dessins Pompadour, tandis que le même groupe, en biscuit de Sèvres, s'harmonisera très bien avec la décoration générale de la pièce.

C'est ainsi qu'une personne de goût peut arriver à se composer un intérieur agréable (et même d'un aspect suffisamment artistique) tout en ne faisant usage que des produits de *l'art industriel* ; ces deux mots associent deux idées qui s'excluent toujours, excepté pour les fortunes les plus modestes, par conséquent pour les plus nombreuses.

Notre siècle est précisément celui de l'art industriel, ce qui n'empêche pas la création de véritables chefs-d'œuvre artistiques, qui sont ensuite multipliés à l'infini par les procédés industriels.

TABLE DES GRAVURES

PLANCHES EN COULEURS

TABLE DES MATIÈRES

18646. — IMPRIMERIE GÉNÉRALE LAHURE
9, rue de Fleurus, à Paris.

Depping (G.) : *Les merveilles de la force et de l'adresse;* 2° édition. 1 vol. avec 69 gravures d'après E. Ronjat et Rapine.

Dieulafait : *Diamants et pierres précieuses;* 3° édition. 1 vol. avec 130 gravures d'après Bonnafoux, P. Sellier, etc.

Du Moncel : *Le téléphone;* 5° édition. 1 vol. avec 67 gravures par Bonnafoux.

— *Le microphone, le radiophone et le phonographe.* 1 vol. avec 119 gravures d'après Bonnafoux et Chauvet.

— *L'éclairage électrique,* 1'° partie: *Appareils de lumière;* 3° édit. 1 vol. avec 70 gravures d'après Bonnafoux, Chauvet, etc.

— *L'éclairage électrique,* 2° partie : *Les lampes.* 1 vol. avec 121 gravures d'après Chauvet.

Du Moncel et Geraldy : *L'électricité comme force motrice;* 2° édit. 1 vol. avec 112 gravures d'après Alix, Léger et Poyet.

Duplessis (G.) : *Les merveilles de la gravure;* 3° édition. 1 vol. avec 34 gravures d'après P. Sellier.

Flammarion (C.) : *Les merveilles célestes,* lecture du soir; 7° édition. 1 vol avec 89 gravures et 2 planches.

Fonvielle (W. de) : *Les merveilles du monde invisible;* 4° édit. 1 vol. avec 120 gravures.

— *Éclairs et tonnerre;* 3° édition. 1 vol. avec 39 gravures d'après E. Bayard et H. Clerget.

— *Le monde des atomes.* 1 vol. avec 40 gravures d'après Gilbert.

Garnier (E.): *Les nains et les géants.* 1 vol. avec 80 gravures d'après A. Jahandier.

Garnier (J.) : *Le fer;* 2° édit. 1 vol. avec 70 gravures d'après A. Jahandier.

Gazeau (A.) : *Les bouffons.* 1 vol. avec 63 gravures d'après P. Sellier.

Girard (J.) : *Les plantes étudiées au microscope;* 2° édit. 1 vol. avec 208 gravures.

Girard (M.) : *Les métamorphoses des insectes;* 6° édition. 1 vol. avec 378 gravures d'après Mesnel, Delahaye, Clément, etc.

Graffigny (de) : *Les moteurs anciens et modernes.* 1 vol. avec 106 gravures d'après l'auteur.

Guillemin (A.) : *Les chemins de fer,* 1'° partie : La voie et les ouvrages d'art; 7° édit. 1 vol. avec 96 grav.

— *Les chemins de fer,* 2° partie : La locomotive, le matériel roulant, l'exploitation; 7° édition. 1 vol. avec 75 gravures.

— *La vapeur;* 3° édit. 1 vol. avec 117 grav. d'après B. Bonnafoux, etc.

Hanotaux : *Les villes retrouvées;* 2° édition. 1 vol. avec 75 gravures d'après P. Sellier, etc.

Hélène (M.) : *Les galeries souterraines;* 2° édition. 1 vol. avec 66 gravures d'après J. Férat, etc.

— *La poudre à canon et les nouveaux corps explosifs.* 1 vol. avec 41 gravures d'après Férat.

Hennebert (Le lieut.-colonel) : *Les torpilles.* 1 vol. avec 82 gravures.

Jacquemart (A.) : *Les merveilles de la céramique.* 1'° partie (Orient). 4° édition. 1 vol. avec 53 gravures d'après H. Catenacci.

— *Les merveilles de la céramique.* II° partie (Occident); 3° édition 1 vol. avec 221 gravures d'après J. Jacquemart.

— *Les merveilles de la céramique.* III° partie (Occident); 3° édition. 1 vol. avec 853 monogrammes et 49 gravures d'après J. Jacquemart.

Joly (H.) : *L'imagination;* 2° édition. 1 vol. avec 4 eaux-fortes par L. Delaunay et L. Massard.

Lacombe (P.) : *Les armes et les armures.* 3° édition. 1 vol. avec 60 gravures d'après H. Catenacci.

— *Le patriotisme;* 2° édition. 1 vol. avec 4 héliogravures.

Laffitte (P.) : *La parole.* 1 vol. avec 24 gravures.

Landrin (A.) : *Les plages de la France,* 3ᵉ édit. 1 vol. avec 107 gravures d'après Mesnel.

— *Les monstres marins;* 3ᵉ édit. 1 vol. avec 66 grav. d'après Mesnel.

— *Les inondations.* 1 vol. avec 24 gravures d'après Vuillier.

Lanoye (F. de) : *L'homme sauvage;* 2ᵉ édit. 1 vol. avec 35 gravures d'après E. Bayard.

Lasteyrie (F. de) : *L'orfèvrerie,* depuis les temps les plus reculés jusqu'à nos jours; 2ᵉ édition. 1 vol. avec 62 gravures.

Lefebvre (E.) : *Le sel.* 1 vol. avec 49 gravures.

Lefèvre (A.) : *Les merveilles de l'architecture;* 4ᵉ édition. 1 vol. avec 60 gravures d'après Thérond, Lancelot, etc.

— *Les parcs et les jardins;* 3ᵉ édition. 1 volume avec 29 gravures d'après A. de Bar.

Le Pileur (Dʳ) : *Les merveilles du corps humain;* 5ᵉ édit. 1 vol. avec 45 gravures d'après Léveillé et 1 planche en couleurs.

Lesbazeilles (E.) : *Les colosses anciens et modernes;* 2ᵉ édit. 1 vol. avec 55 gravures d'après Lancelot, Goutzwiller, etc.

— *Les merveilles du monde polaire.* 1 vol. avec 38 gravures d'après Riou, Grandsire, etc.

— *Les forêts.* 1 vol. avec 43 gravures d'après Slom, etc.

Lévêque : *Les harmonies providentielles;* 4ᵉ édit. 1 vol. avec 4 eaux-fortes.

Marion (F.) : *L'optique;* 3ᵉ édit. 1 vol. avec 68 gravures d'après A. de Neuville et Jahandier.

— *Les ballons et les voyages aériens;* 4ᵉ édit. 1 vol. avec 30 gravures d'après P. Sellier.

— *Les merveilles de la végétation;* 4ᵉ édit. 1 vol. avec 45 gravures d'après Lancelot.

Marsy (F.) : *L'hydraulique;* 3ᵉ édit. 1 vol. avec 39 grav. d'après Jahandier.

Masson (M.) : *Le dévouement* 3ᵉ édit. 1 vol. avec 14 gravures d'après P. Philippoteaux.

Menault (E.) : *L'intelligence des animaux;* 5ᵉ édit. 1 vol. avec 58 gravures d'après E. Bayard.

— *L'amour maternel chez les animaux;* 2ᵉ édit. 1 vol. avec 78 gravures d'après A. Mesnel.

Meunier (Mⁿᵉ S.) : *L'écorce terrestre.* 1 vol. avec 75 gravures.

Meunier (V.) : *Les grandes chasses;* 5ᵉ édit. 1 vol. avec 58 gravures d'après Lançon.

— *Les grandes pêches;* 2ᵉ édition. 1 vol. avec 85 gravures d'après Riou.

Millet : *Les merveilles des fleuves et des ruisseaux;* 2ᵉ édition. 1 vol. avec 66 gravures d'après Mesnel, et 1 carte.

Moitessier : *L'air,* 2ᵉ édition. 1 vol. avec 95 gravures, d'après B. Bonnafoux, etc.

— *La lumière;* 2ᵉ édition. 1 vol. avec 124 gravures d'après Taylor, Jahandier, etc.

Moynet (G.) : *L'envers du théâtre ou les machines et les décors;* 2ᵉ édit. 1 vol. avec 60 gravures ou coupes d'après l'auteur.

Narjoux (F.) : *Histoire d'un pont.* 1 vol. avec 89 gravures d'après l'auteur.

Petit (Maxime) : *Les sièges célèbres de l'antiquité, du moyen âge et des temps modernes.* 1 vol. avec 52 gravures d'après C. Gilbert.

— *Les grands incendies.* 1 vol. avec 54 gravures d'après Deroy.

— *Le courage civique.* 1 vol. avec 29 gravures.

Radau (R.) : *L'acoustique,* 2ᵉ édit. 1 vol. avec 116 grav. d'après Læschin, Jahandier, etc.

— *Le magnétisme;* 2ᵉ édition. 1 volume avec 104 gravures d'après Bonnafoux, Jahandier, etc.

Renard (L.) : *Les phares;* 3ᵉ édit. 1 vol. avec 38 gravures d'après Jules Noël, Rapine, etc.

— *L'art naval;* 4ᵉ édition. 1 vol. avec 52 grav. d'après Morel Fatio.

Renaud (A.) : *L'héroïsme ;* **2ᵉ** édition. 1 vol. avec 15 gravures d'après Paquier.

Reynaud (J.). *Histoire élémentaire des minéraux usuels :* 6ᵉ édition. 1 volume avec 2 planches en couleurs et 1 planche en noir.

Roy (J.). : *L'an mille.* Formation de la légende de l'an mille. Etat de la France de l'an 950 à 1050. 1 vol. avec 30 gravures.

Sauzay (A.) : *La verrerie* depuis les temps les plus reculés jusqu'à nos jours ; 2ᵉ édition. 1 vol. avec 66 gravures d'après B. Bonnafoux.

Simonin (L.) : *Les merveilles du monde souterrain ;* 5ᵉ édition. 1 vol. avec 18 gravures d'après A. de Neuville, et 9 cartes.

— *L'or et l'argent.* 1 vol. avec 67 gravures d'après A. de Neuville, P. Sellier, etc.

Sonrel (L.) : *Le fond de la mer ;* 5ᵉ édition. 1 vol. avec 93 gravures d'après Mesnel, etc.

Ternant (A.) : *Les télégraphes.* Tome I : Télégraphie optique. — Télégraphie acoustique. — Télégraphie pneumatique. — Poste aux pigeons ; 2ᵉ édition. 1 vol. avec 65 gravures.

Tissandier (G.) : *L'eau ;* 5ᵉ édition. 1 vol. avec 77 gravures d'après A. de Bar, Clerget, Riou, Jahandier, etc., et 6 cartes.

— *La houille ;* 2ᵉ édit. 1 vol. avec 66 grav. d'après A. Jahandier, A. Marie et A. Tissandier.

— *La photographie ;* 3ᵉ édition. 1 vol. avec 76 gravures d'après Bonnafoux et Jahandier.

— *Les fossiles.* 1 vol. avec 133 grav. d'après Delahaye.

— *La navigation aérienne.* 1 vol. ill. de 98 gravures d'après Barclay Langlois, etc.

Viardot (L.) : *Les merveilles de la peinture.* Iʳᵉ série ; 4ᵉ édition. 1 vol. avec 24 reproductions de tableaux par Paquier.

— *Les merveilles de la peinture.* IIᵉ série ; 2ᵉ édition. 1 vol. avec 12 reproductions de tableaux par Paquier.

— *Les merveilles de la sculpture ;* 2ᵉ édition. 1 vol. avec 62 reproductions de statues, par Pelot, P. Sellier, Chapuis, etc.

Zurcher et Margollé : *Les ascensions célèbres aux plus hautes montagnes du globe ;* 3ᵉ édition. 1 vol. avec 39 gravures d'après de Bar.

— *Les glaciers ;* 3ᵉ édition. 1 vol. avec 45 gravures d'après E. Sabatier.

— *Les météores ;* 4ᵉ édition. 1 vol. avec 23 gravures d'après Lebreton.

— *Volcans et tremblements de terre ;* 4ᵉ édition. 1 vol. avec 61 gravures d'après E. Riou.

— *Les naufrages célèbres ;* 4ᵉ édition. 1 vol. avec 30 gravures d'après Jules Noel.

— *Trombes et cyclones ;* 2ᵉ édit. 1 vol. avec 42 gravures d'après A. de Bérard et Riou.

— *L'énergie morale ;* Beaux exemples. 1 vol. avec 15 gravures d'après P. Fritel et A. Brouillet.